普通高等教育计算机系列规划教材

Office 2016 高级应用与 VBA 技术

龚轩涛　陈昌平　徐鸿雁　主　编

王书伟　陈　婷
罗　丹　何臻祥　副主编

电子工业出版社
Publishing House of Electronics Industry
北京·BEIJING

内 容 简 介

本书以日常办公中的典型应用项目为主线，以高级 Office 2016 运用技巧为切入点，通过个性化案例说明 VBA 是提高效率的利器，详细说明了 Visual Basic 的语法规则以及在 Excel 中的应用，利用实际案例来具体操作 Excel 中的工作对象及用户界面设计，以数据字典、正则表达式以及文件系统的运用说明达到提高效率的途径，最后引入一个综合案例，通过贯穿全书的知识点，达到融会贯通的目的。

本书适用于有一定计算机应用基础的用户使用，无论是在校的大学生还是在职的公司职员，都可以无障碍阅读本书，学习掌握 VBA 的相关知识。

图书在版编目（CIP）数据

Office 2016 高级应用与 VBA 技术 / 龚轩涛，陈昌平，徐鸿雁主编. —北京：电子工业出版社，2018.2
普通高等教育计算机系列规划教材

ISBN 978-7-121-33386-6

Ⅰ.①O… Ⅱ.①龚… ②陈… ③徐… Ⅲ.①办公自动化－应用软件－高等学校－教材 Ⅳ.①TP317.1

中国版本图书馆 CIP 数据核字（2017）第 325877 号

策划编辑：徐建军（xujj@phei.com.cn）
责任编辑：郝黎明　　特约编辑：王　炜
印　　刷：三河市良远印务有限公司
装　　订：三河市良远印务有限公司
出版发行：电子工业出版社
　　　　　北京市海淀区万寿路 173 信箱　邮编　100036
开　　本：787×1 092　1/16　印张：17.5　字数：448 千字
版　　次：2018 年 2 月第 1 版
印　　次：2019 年 12 月第 5 次印刷
定　　价：49.00 元

本书编委会成员

（按拼音排序）

陈昌平	陈　婷	陈　婷	陈小宁	高玲玲
龚轩涛	郭　进	何臻祥	黄纯国	靳紫辉
李长松	李　化	刘　强	罗　丹	罗文佳
吕峻闽	马　明	汤来锋	王　强	王书伟
魏雨东	夏钰红	肖　忠	徐鸿雁	杨大友
姚一永	银　梅	袁　勋	张诗雨	

前　言

本书介绍了以 Microsoft Office 2016 套件为基础环境的高级应用，用简单的操作方法解决繁杂的任务需求，从而引出提升效率的利器 —— VBA。全书以精练而通俗的语言，结合实例，恰当而巧妙地介绍了 Office 高级应用实例、VBA 基本概念、语法、对象及操作界面，同时介绍了 VBA 与 Word、Excel、PowerPoint 之间的协同应用，最后以物业管理收费系统为综合实例，整体阐述了 VBA 在日常工作中的应用场景，实例由浅入深，描述详略得当。读者通过学习，可以掌握 VBA 应用的基本开发方法，为实现高效办公打下坚实的基础。

本书共分 8 章，第 1 章介绍 Office 高级应用技巧；第 2 章通过实例讲述 VBA 的基础概念和应用；第 3 章介绍 VBA 的代码规则和使用方法；第 4 章介绍 VBA 的操作对象；第 5 章介绍用户界面；第 6 章介绍用高级应用技巧提升效率；第 7 章介绍 VBA 在 Word、Excel、PowerPoint 环境中的应用；第 8 章以物业管理收费系统为实例整体介绍 VBA 的具体应用。在每章都围绕知识点给出了详尽示例，可以帮助读者快速掌握相关知识。

本书由龚轩涛、陈昌平、徐鸿雁担任主编，王书伟、陈婷、罗丹、何臻祥担任副主编并负责编写相应各章节，参加本书编写的还有陈小宁、高玲玲、张诗雨、李长松、李化、罗文佳、汤来锋等。同时西南财经大学天府学院信息技术教学中心和现代技术中心的各位老师为本书提供了许多帮助，在此，编者对以上人员致以最诚挚的谢意！

为了方便教师教学，本书配有电子教学课件，请有此需要的教师登录华信教育资源网（www.hxedu.com.cn）注册后免费下载，如有问题可在网站留言板留言或与电子工业出版社联系（E-mail：hxedu@phei.com.cn）。

虽然我们精心组织，努力工作，但错误之处在所难免；同时由于编者水平有限，书中也存在诸多不足之处，恳请广大读者朋友们给予批评和指正，以便在今后的修订中不断改进。

编　者

目 录

第 1 章 ▶▶

高级 Office 技巧

本章主要列举 Office 三大软件的一些应用技巧。Word 篇主要包括快速保存文档图片、在长文档中如何按节编排页码、如何快速创建文档并进行整体排版；Excel 篇主要包括制作动态图表、对比两个工作表的数据差异；PowerPoint 篇主要介绍制作动态幻灯片；最后通过制作抽奖券及工作牌两个实例，综合讲解高级 Office 的相关技巧。

1.1 Word 篇

1.1.1 一键保存文档图片

如何快速批量地将 Word 文档中的图片完整地保存呢？借助 Word 的"另存为"功能，将 Word 文档转为网页文件，就可以轻松实现。

第一步：将 Word 文档另存为".html"网页文件。

打开图片所在的 Word 文档，单击【文件】→【另存为】，也可以直接按【F12】键或【Fn+F12】组合键。在弹出的"另存为"窗口中，选择保存类型为"网页（*.htm;*.html）"，单击【保存】按钮，如图 1-1 所示。

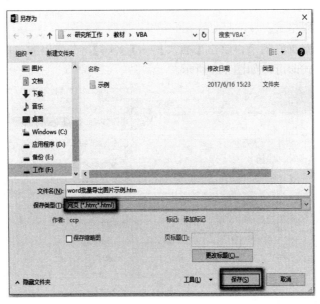

图 1-1　Word 文档另存为网页文件

图 1-2　网页文件和文件夹

第二步：找到从 Word 文档中提取出来的图片。

找到文件保存的路径，可以看到有两个文件，一个为 html 格式的网页文件，另一个是文件夹。打开文件夹，里面就是从 Word 文档中按顺序提取出来的所有图片，如图 1-2 和图 1-3 所示。

图 1-3　从 Word 文档中提取的图片

1.1.2　按节编页码

在实际应用中，经常遇到这样的排版要求，比如毕业论文、摘要及目录的页码要用罗马数字从 I 开始设置，而正文部分则用阿拉伯数字从 1 开始设置。这种需要通过插入分节符的方法按节设置页码，具体方法如下。

第一步：在需要插入不同页码格式的节之间插入分节符。

单击【插入】或【布局】→【分隔符】，选择"分节符"中的"下一页"选项，插入一个分节符，如图 1-4 所示。

第二步：设置页码格式。

选中需要重新设置页码的节，单击【插入】→【页码】，在弹出的"页码格式"选项卡中，按照要求设置页码格式即可，如图 1-5 所示。

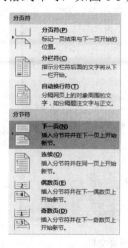

图 1-4　插入"分节符"

图 1-5　设置"页码格式"

1.1.3 创建样式，做自己的文档

在 Word 文档中，自带了许多内置的样式，可用于文档的编辑排版工作，当然也可以根据需要自行设置其他样式。通过使用 Word 样式设置可以快速地对文档进行个性化排版，从而提高工作效率，Word 新建样式的方法如下。

第一步：打开需要设置样式的 Word 文档，单击【开始】→【样式】选项卡右下角的小箭头按钮，在弹出的"样式选项卡"中单击左下角的新建样式图标按钮，如图 1-6 和图 1-7 所示。

图 1-6　样式选项卡

第二步：在新建样式窗口中进行个性化设置。

在"根据格式化创建新样式"窗口中可以设置名称、样式类型、样式基准等；在"格式"处可以设置字体、字号、对齐方式以及行间距等，同时还可以预览新建样式的设置效果；单击左下角【格式】按钮可进一步修改字体、段落、编号等格式，单击【确定】按钮即可，如图1-8 所示。

图 1-7　新建"样式"

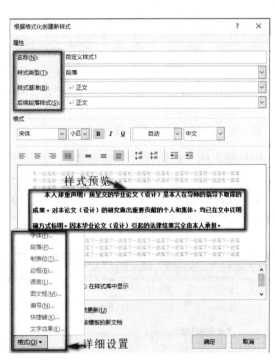

图 1-8　根据格式化创建新样式

第三步：应用新建的样式。

将光标定位在需要套用新样式的位置，然后单击新建样式的名称即可快速设置样式。

1.2 Excel 篇

1.2.1 随心查看 Excel 动态图表

仕财务金融领域需妻制作大量的图表，本节主要讲解如何制作动态图表，可以根据用户的选择项不同，数据图表发生相应的变化，以学生的月考成绩为例，如图 1-9 所示。

第一步：创建月份列。

选择"B2:F2"进行"复制"，用鼠标右键单击 J2 单元格，在弹出的"选择性粘贴"选项卡中勾选"转置"选项，把第一行的月份数，放在 J 列中，如图 1-10 所示。

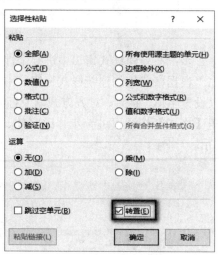

图 1-9 动态图数据　　　　　　图 1-10 复制月份参数设置

第二步：插入组合框控件。

单击【开发工具】→【插入】→【表单控件】→【组合框】，如图 1-11 所示；用鼠标右键单击"插入"的组合框控件，选择"设置对象格式"选项，在弹出的对话框中设置组合框的"控制"属性，如图 1-12 所示。

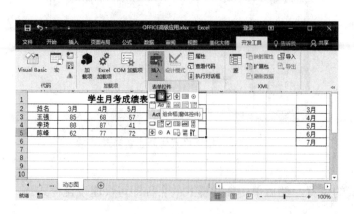

图 1-11 插入组合框控件　　　　　　图 1-12 设置"对象格式"

第三步：定义名称。

单击【公式】→【定义名称】，在弹出的"新建名称"对话框中"名称"处输入"月考成绩"，在"引用位置"处输入公式"=index(动态图表!$B$3:$F$5,动态图表!$H$5)"，如图 1-13 所示。同理，新建名称"表头"，在"引用位置"处输入公式"=index(动态图表!$B$2:$F$2, 动态图表!$H$5)"，如图 1-14 所示。

图 1-13　新建名称 1

图 1-14　新建名称 2

index 语法格式如下。

index(reference, row_num, column_num, area_num)

参数含义

- reference：对一个或多个单元格区域的引用。如果为引用输入一个不连续的区域，必须用括号括起来。如果引用中的每个区域只包含一行或一列，则相应的参数 row_num 或 column_num 分别为可选项。如对于单行的引用，可以使用函数 index(reference,, column_num)。
- row_num：引用某行的行序号，函数从该行返回一个引用。
- column_num：引用某列的列序号，函数从该列返回一个引用。
- area_num：选择引用的一个区域，并返回该区域中 row_num 和 column_num 的交叉区域。选中或输入的第一个区域序号为 1，第二个为 2，以此类推。如果省略 area_num，函数 INDEX 使用区域 1。

第四步：制作图表。

选择"A2:B5"的数据，单击【插入】→【图表】→【簇状柱形图】，如图 1-15 所示。

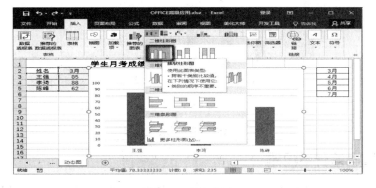

图 1-15　插入图表

第五步：设置图例系列。

用鼠标右键单击新建图，选择"选择数据"选项，如图 1-16 所示，在弹出的对话框中单击【编辑】按钮，如图1-17所示，使用新定义的名称，如图1-18所示。

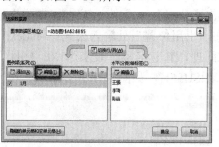

图 1-17　编辑图例项

图 1-16　选择数据

图 1-18　编辑数据系列

第六步：优化效果。

将H、J列中的字体颜色设置为"白色"，设置单元格边框为"无"，隐藏操作痕迹，效果如图1-19所示，选择月份，即可动态显示相应月份的柱状图。

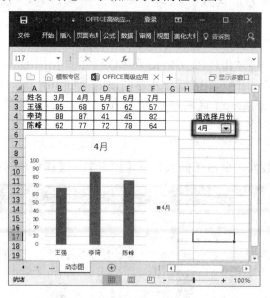

图 1-19　动态图最终效果

1.2.2　找出数据差异不再难

在实际应用中，经常需要对Excel的数据进行核对，如财务数据盘点、学生信息核实等。在Excel中，提供了多种快速实现数据差异对比的方法，本节将主要介绍常见的三种方法。

1．使用条件格式，用颜色突显一致的数据

使用条件格式对比相同产品、型号、数量的差异，数据源如图 1-20 所示。

选中需要对比的数据，单击【开始】→【条件格式】→【突出显示单元格规则】→【重复值】，在弹出的对话框中设置突显的格式，如图 1-21、图 1-22 所示。由图 1-22 可以看出，突出显示的单元格即为一致的数据，反之则是存在差异的数据。

图 1-20　对比数据差异示例数据 1

图 1-21　设置条件格式

2．使用标准偏差函数

以库存盘点数据和财务核算数据为例，使用标准偏差函数实现对比差异数据，数据源如图 1-23 所示。

图 1-22　颜色突显一致数据

图 1-23　对比数据差异示例数据 2

将光标定位在合适位置，以便存放差异数据，单击【数据】→【合并计算】，在弹出的对话框中，选择函数为"标准偏差"，通过添加引用位置把两个数据表中的数据引用进来，并设置标签位置为"最左列"，如图 1-24、图 1-25 所示，单击【确定】按钮，即生成一个差异数据表，如图 1-26 所示，在差异数据中非 0 的数据则表示为差异数据。

图 1-24　打开合并计算

图 1-25　设置"合并计算"各参数

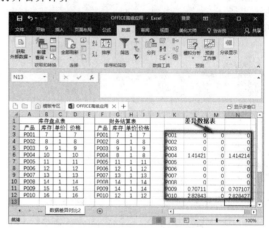

图 1-26　差异数据表

3．使用 VLOOKUP 函数

如要从学生信息表和学生成绩表中找出学生是否参加考试的内容，就需要通过学号对比差异，这可以用 VLOOKUP 函数来实现，数据源如图 1-27 和图 1-28 所示。

图 1-27　学生信息表

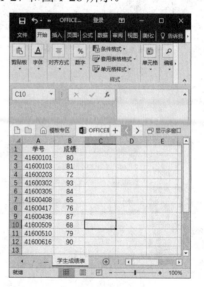

图 1-28　学生成绩表

在学生信息表的 C2 单元格中输入公式 "=VLOOKUP(A2,学生成绩表!$A$2:$A$12,1,0)"，然后下拉列表填充公式，或直接双击单元格右下角应用公式，效果如图 1-29 所示。若在学生成绩表中出现学号则直接返回学号，若没有则返回 "#N/A"，由此可以快速查找出哪些学生没有成绩。同理，也可以在学生成绩表中输入公式进行对比，此部分可自行练习。

图 1-29　用学号对比查找结果

说明：从学生成绩表的 "A2:A12" 中找学生信息表 A2 的数据，若能找到，则返回查找区域第一列的数据，0 表示精确匹配。查找区域数据前必须都加上$符号，目的是固定查找区域，否则在下拉填充时前面的查找数值变化，后面的区域也会跟着变化。

1.3　PowerPoint 篇

PowerPoint 是演讲的有力工具，运用动态效果不仅能有效地呈现自己的观点，还能让展示的过程更加富有活力，更加精彩。动态 PowerPoint 的制作主要包括自定义动画、插入 flash 动画和视频对象两种方法，本节重点介绍 PowerPoint 动画制作。

PowerPoint 一般由文字、图片、图形基本元素构成，动画就是给需要的元素添加合理的动画，为了获得想要的动画效果，一般多使用自定义动画。

1.3.1　让 PowerPoint 页面飞起来

PowerPoint 动画主要有两种形式，一种是贯穿全篇的动画——类似于 flash，这种操作难度较大，需要技术和创意的很好结合；另一种是根据内容和展示的需要，对某些文字或图片添加一些动画以增强视觉的美感，下面主要介绍动画制作的一般方法。

第一步：添加动画。

选中需要添加动画的对象（文字或图片），单击【动画】→【添加动画】，选择合适的动画添加，如图 1-30 所示，如果在默认推荐的动画中找不到需要的，则可以选择添加更多地进入、强调、退出效果设置，显示全部动画效果。

第二步：自定义动画。

单击【动画】→【动画窗格】，选择需要的动画，单击右侧小三角按钮，设置开始效果"从上一项开始""从上一项之后开始"；单击"计时"按钮，设置"延迟""期间"等选项，同时可以单击"效果"按钮修改更多效果，如图 1-31、图 1-32 和图 1-33 所示。

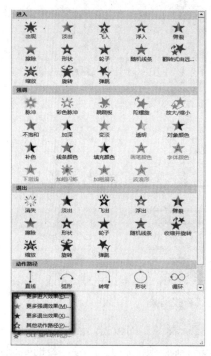

图 1-30　添加动画效果

图 1-31　动画窗格

图 1-32　设置计时

图 1-33　设置效果

第三步：预览动画效果。

单击【播放幻灯片】按钮预览动画效果，可进行进一步调整修改。

1.3.2 动态 PowerPoint 实例

本节以制作文字探照灯为例，介绍动画的应用。

第一步：创建探照灯文字。

启动 PowerPoint2016，单击【文件】→【新建】，新建一个空白的文档，在文本框中输入文字"动态 PPT 制作：文字探照灯"，设置字体为"华文云彩"，字号为"60"，并调整好位置。

第二步：创建探照灯形状。

单击【插入】→【形状】，选择椭圆工具，按住 Shift 键绘制一个正圆。双击该正圆，在"设置形状格式"窗口中如图 1-34 所示进行参数设置，调整正圆的位置到文字的左边，并放置于幻灯片的外部。

第三步：添加动作路径。

单击【动画】→【添加动画】→【添加动作路径】，在弹出的对话框中选择"向右"命令，如图 1-35 所示。选中动作路径的红色箭头，按住鼠标左键向右拖至幻灯片的右边，如图 1-36 所示。

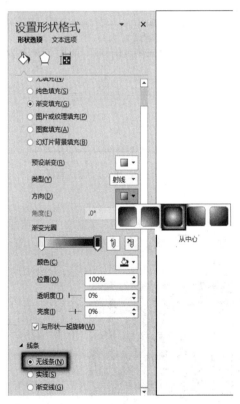

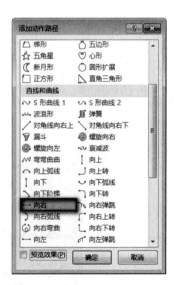

图 1-34　圆形格式设置　　　　　　图 1-35　添加动作路径

第四步：设置动画效果。

单击【动画】→【动画窗格】，选择"向右"动画的下拉箭头；单击"计时"按钮，在弹出的对话框中，设置"期间"为"非常慢（5 秒）"，设置"重复"为"直到下一次单击"，如

图 1-37 所示。单击"效果"选项卡，设置"平滑开始""平滑结束"，如图 1-38 所示。

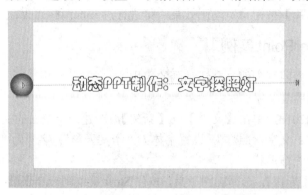

图 1-36　设置路径

图 1-37　设置动画计时

图 1-38　设置动画效果

第五步：设置背景颜色及叠放层次。

用鼠标右键单击幻灯片，在弹出的菜单中选择"设置背景格式"选项，设置背景为"黑色"，选中"正圆"图形，单击鼠标右键，在弹出的菜单中选择"置于底层"选项，最终效果如图1-39 所示。

图 1-39　探照灯效果

至此，文字探照灯的效果就制作完成了。当然，也可以根据演示文稿的内容，选择其他动作路径，完成不同的动画效果。

1.4 数据 Excel 与文字排版处理的融合

本节主要介绍 Word 与 Excel 最常用的组合，即通过邮件合并实现文档的批量生成，如批量制作抽奖券、工作证等。邮件合并与邮件并无直接关系，它是将不同数据源（Excel、Access、SQL 等）的数据导入到 Word 文档的指定位置并批量生成文档的功能（文档的模板由 Word 排版确定）。文档合并的数据来自于各种类型的数据文件，其中 Excel 就是最常用的一种。

1.4.1 抽奖券的快速制作

抽奖是很多活动的一个重要互动环节，下面将介绍如何批量制作抽奖券。

第一步：创建数据源。

使用 Excel 建立抽奖券编号信息表，如图 1-40 所示。

第二步：制作抽奖券模板。

新建 Word 文档，插入一个表格，并设置第一个单元格内容，如图 1-41 所示。

图 1-40　抽奖券编号

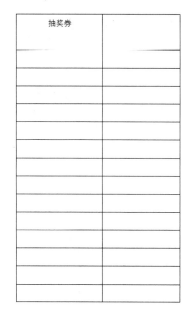

图 1-41　抽奖券模板

第三步：确定合并文档的类型。

单击【邮件】→【开始邮件合并】→【标签】，如图 1-42 所示。在弹出的"标签选项"对话框中单击【取消】按钮。确定合并文档类型后，在扩展标签时才会出现"更新标签"功能。

第四步：数据连接。

将 Excel 数据连接到 Word 文档，单击【邮件】→【选择收件人】→【使用现有列表】，选择所创建的表格"制作抽奖券"。

第五步：插入抽奖券编号。

将光标定位到需要插入数据的位置，然后单击【邮件】→【编写和插入域】→【插入合并域】→【抽奖券编号】，如图1-43所示。

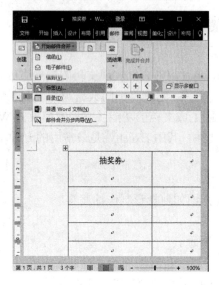

图1-42　文档合并类型

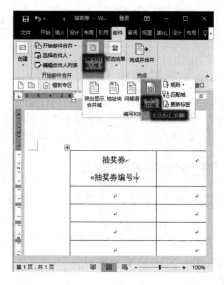

图1-43　插入抽奖券编号

第六步：扩展标签到所有单元格。

单击【邮件】→【编写和插入域】→【更新标签】，则将标签扩展到所有单元格，如图1-44所示。

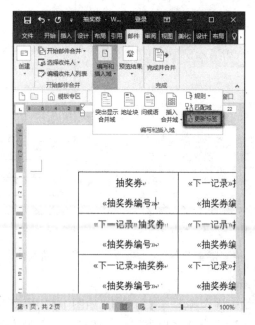

图1-44　更新标签

第七步：合并新文档。

单击【邮件】→【完成】→【完成并合并】→【编辑单个文档】，在弹出的对话框中设置合并记录为"全部"，如图1-45和图1-46所示。

抽奖券	抽奖券
TF0001	TF0002
抽奖券	抽奖券
TF0003	TF0004
抽奖券	抽奖券
TF0005	TF0006
抽奖券	抽奖券
TF0007	TF0008
抽奖券	抽奖券
TF0009	TF0010
抽奖券	抽奖券
TF0011	TF0012
抽奖券	抽奖券
TF0013	TF0014

图 1-45 合并新文档　　　　　　　　　图 1-46 抽奖券最终效果

1.4.2　批量制作有相片的工作牌

Word 的邮件合并功能主要涉及 3 个文档，即主文档、数据源和合并文档。

第一步：创建数据源。

在 Excel 中建立如图 1-47 所示的职工信息表，字段包括姓名、编号和职务。

第二步：新建工作证模板文档。

在 Word 中用表格制作工作证模板主文档，以此固定各种信息的位置，并把表格边框设置为"无"，插入背景图片，设置"环绕文字"为"衬于文字下方"，效果如图 1-48 所示。

图 1-47 职工信息表　　　　　　　　　图 1-48 工作证模板

第三步：连接数据源。

使用邮件合并分步向导连接数据源，单击【邮件】→【开始邮件合并】→【邮件合并分步向导】，如图 1-49 所示。按邮件合并向导中的提示操作，选择文档类型为"信函"选项，选择开始文档为"使用当前文档"选项，选择收件人时单击【浏览】按钮，在弹出的"选择数据源"

对话框中打开新建立的 Excel 文档，并在"选择表格"对话框中选择"制作工作证"。

第四步：插入域。

将光标定位在"姓名"后面，在撰写信函这一步中选择"其他项目"，弹出"插入合并域"对话框，选择"姓名"后单击【插入】按钮，如图 1-50 所示。同理，依次插入域"编号""职务"，效果如图 1-51 所示。

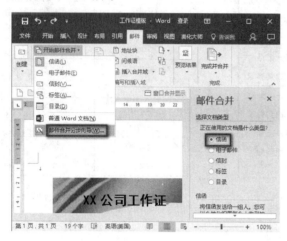

图 1-49　邮件合并向导

图 1-50　插入合并域

第五步：完成合并。

在完成合并中，选择"编辑单个信函"选项，在弹出的"合并到新文档"对话框中，设置合并记录为"所有值"，单击【确定】按钮，效果如图 1-52 所示。

图 1-51　插入合并域效果

图 1-52　工作证最终效果

1.5　习题

1. 将 Word 中的多张图片批量保存在 D:\。
2. 按照要求新建 Word 样式，并快速应用样式。

一级标题格式：第一部分，第二部分；宋体三号加粗，标题 1，居中。

二级标题格式：1.1，1.2；宋体四号加粗，标题 2，左对齐。

三级标题格式：1.1.1；宋体小四号加粗，标题 3，左对齐。

四级标题格式：一、二、三；同正文。

五级标题格式：1、2、3；同正文。

正文：宋体小四首行缩进 2 字符；段落行距 1.5 倍。

3. 制作某公司产品季度销售情况的动态图表，数据源如图 1-53 所示。

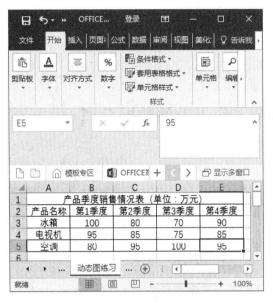

图 1-53　某公司产品季度销售情况

4. 使用 1.2.2 节实例中的学生信息表和学生成绩表，从学生信息表查找学生成绩表中出现的学号，若找到，则直接返回学生姓名。

5. 某校 2018 年 6 月 22 日 19:30，将在学术报告厅举行第八届企业信息化解决方案大赛，诚邀学校师生参加。请使用邮件合并完成邀请函的批量制作，邀请函的模板和数据源自行设计。

6. 制作一个文字遮罩动态 PowerPoint 文件，文字内容自定。

第2章▶▶

走进VBA

在常见的 Office 办公软件中 Word、Excel、PPT、Access 等都可以利用 VBA 使应用效率更高。本章为 VBA 基础知识的引入，通过实例掌握 VBA，可以促使工作的高效。

2.1 一键解决多个工作表中的数据分列

宏是初学者进入 VBA 世界大门的钥匙，通过宏可以学习和掌握 VBA 编程的基本方法。实际上，宏是能够自动完成某个任务的一组指令的集合。在 Office 中提供了录制宏的工具——宏录制器，使用它可以记录自动化重复的任务。

在实际的系统开发中，往往是先录制宏，然后在此基础上，对代码进行修改和完善，这是一种编写 VBA 代码的捷径。

以一个实际案例进行宏的录制。在实际的工作中，会从网络上或其他系统中导入很多数据到 Excel 工作表格，因为格式不一致很难操作，并且这样也会有很多个工作簿，如图 2-1 所示。所有数据都存储在 CSV 格式的文件中，并且都放在 A 列，需要把 A 列的数据分开。经过仔细观察，发现每列的数据是以分号隔开的，如果采用手工去操作数据分列，将会花费大量的时间与精力。

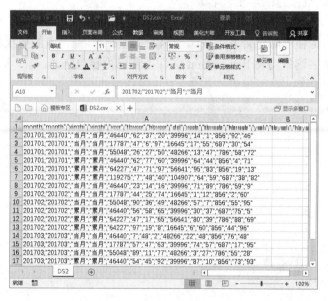

图 2-1 原始数据样式

下面介绍利用录制宏实现对数据进行分列的过程，操作步骤如下。

第一步：打开原始数据文件.csv，单击【开发工具】→【宏】→【录制宏】，启动录制宏器，如图 2-2 所示。

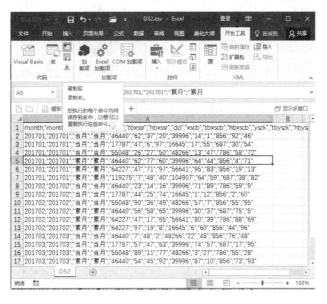

图 2-2　插入录制宏

第二步：打开录制新宏对话框。修改宏名为"分列宏"，按【Ctrl+Shift+T】组合键，在对话框的快捷键栏中显示"Ctrl+Shift+T"，这个组合键就是以后执行这个宏的快捷键。在"保存在"下拉列表中，可以选择保存宏的位置，通常情况下使用默认位置"当前工作簿"。在"说明"文字框中添加宏的相关注释说明或备注，如图 2-3 所示。

第三步：开始录制宏，运行的每一步操作，计算机都会在后台用代码的形式记录下来，为下一次做相同的操作做好准备。先选中源数据中的 A 列数据列，单击【数据】→【分列】→【分隔符】→【分号】→【完成】，如图 2-4 所示。

图 2-3　录制新宏对话框

图 2-4　用分号为分隔符分开数据

第四步：在功能区中，单击"视图"选项卡的"宏"按钮，在打开的"宏录制"下拉列表中，单击【停止录制】按钮，如图2-5所示，完成了宏的录制，如图2-6所示。

图2-5　停止录制宏

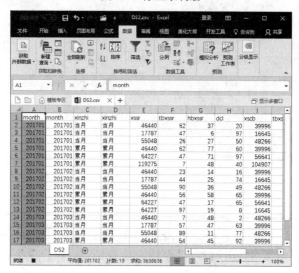

图2-6　录制完成的数据列效果

执行宏就是运行所录制的宏，自动执行所录制的一系列操作。在录制宏的过程中，如果设置了执行该宏的快捷键，就可以使用快捷键组合执行该宏。重新打开一个工作簿选中DS3.CSV，然后按【Ctrl+Shift+T】组合键（刚才录制宏时设置的快捷键），执行宏后的效果如图2-7所示，录制宏形成的代码如图2-8所示。

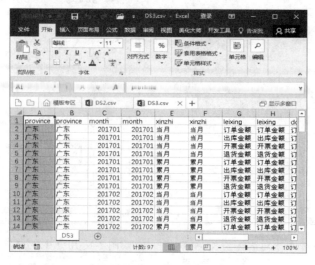

图2-7　应用宏的效果

图 2-8　分列宏的代码

从以上例子可以看出宏类似于计算机程序，但它是完全运行于 Excel 之中的，通过使用宏可以完成枯燥、烦琐的重复性工作，宏完成动作的速度比手动做要快得多。

2.2　保护数据安全，你不知道的秘密

用 Excel 制作一些重要表格时，如学生成绩表、工资表、销售表等，制表人不希望被他人进行修改或删除。虽然 Excel 也提供了对表格的保护功能，但过于单一，如锁定单元格，它是将整张表所有单元格全部锁定，而不能按需求锁定部分单元格，因此 Excel 的保护功能缺乏灵活性。

对 Excel 实现编程，利用 VBA 工具可能是最有效的，也是最简单的。VBA 是一个面向对象的程序设计，Excel 对象模型包含 Rang、Worksheet、Workbook、Application、Window 和 Chart。

本节将对使用 VBA 实现不同用户按权限查看不同工作表的功能进行详述。

2.2.1　工作表的保护

工作表受保护后，内容允许用户查看，但不允许用户修改。当用户需要修改时，需要先撤销工作表保护，然后才能修改。

保护工作表的操作步骤如下。

选择任一工作表，单击"审阅"选项卡中"更改"组的"保护工作表"按钮，显示"保护工作表"对话框，勾选"保护工作表及锁定的单元格内容"选项，在"取消工作表保护时使用的密码"的密码框中输入取消保护密码，在"允许此工作表的所有用户进行"中设置需要禁止的操作，单击【确定】按钮后显示"确认密码"对话框，重复输入一遍密码即可完成对工作表的保护，如图 2-9 所示。

如果一些机密文件不能让使用者看到，但又需要他操作工作簿中的其他表格，该怎样设置呢？

打开 VBA 编辑器的"工程资源管理器"窗口，双击该工作表，在设置该表的属性编辑窗口，单击左上的下拉列表框，选择"worksheet"选项，在该窗口右上方的列表框中选择"Activate（'激活'）"选项，这时自动显示如下的语句块，如图 2-10 所示。

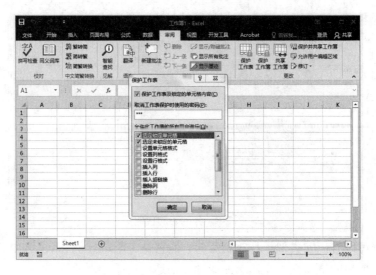

图 2-9　工作表的保护操作过程

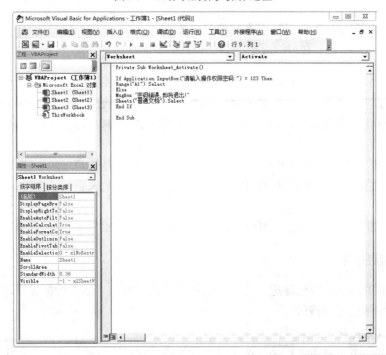

图 2-10　用 VBA 对工作表的保护操作过程 1

```
Private Sub Worksheet_Activate()
End Sub
```

在其中加入代码（假设用"123"作为密码，Sheet"机密文档"为限制权限文档，sheet"普通文档"为工作簿中你认为任何适合的工作表）。

```
If Application.InputBox("请输入操作权限密码") = 123 Then
    Range("A1").Select
Else
```

```
        Msgbox "密码错误，即将退出！"
        Sheets("普通文档").Select
End if
```

程序如下。

```
Private Sub Worksheet_Activate()
    If Application.InputBox("请输入操作权限密码：") = 123 Then
        Range("A1").Select
    Else
        MsgBox "密码错误，即将退出！"
        Sheets("普通文档").Select
    End If
End Sub
```

这样仍有一个问题，就是越权使用者还是会看到一些文件的片段，即在提示密码的那段时间。为了更好地保护文件可以这样做，用上述方法选择工作表的 Deactivate 事件，输入以下代码，如图 2-11 所示。

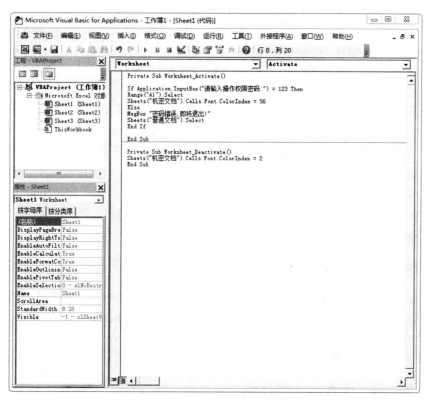

图 2-11　用 VBA 对工作表的保护操作过程 2

```
Sheets("机密文档").Cells.Font.ColorIndex = 2
```

这段程序使工作表在不被激活时，所有文字为白色。然后，在第一个程序中的

Range("A1").Select 后插入一行，写入以下代码：

```
Sheets("机密文档").Cells.Font.ColorIndex = 56
```

这段程序使用户在输入正确密码后，将该表所有文字转变为深灰色。
完整的程序如下。

```
Private Sub Worksheet_Activate()
    If Application.InputBox("请输入操作权限密码：") = 123 Then
        Range("A1").Select
        Sheets("机密文档").Cells.Font.ColorIndex = 56
    Else
        MsgBox "密码错误，即将退出！"
        Sheets("普通文档").Select
    End If
End sub
```

2.2.2　深度隐藏工作表

深度隐藏工作表只能通过 VBA 工程窗口或 VBA 程序修改属性的方法实现。隐藏的工作表在工作表窗口无法看到，也无法取消隐藏（快捷菜单中的取消隐藏命令显示为不可用）。因此深度隐藏对一般用户来说不易察觉，取消隐藏也只能通过 VBA 工程窗口或 VBA 程序修改属性的方法完成。

通过 VBA 工程窗口深度隐藏任一工作表的方法。单击"开发工具"选项卡中"代码"组的"Visual Basic"按钮，显示"Microsoft Visual Basic for Application"设计窗口，在"VBAProject"窗口中选择"Sheet1"选项，在属性窗口将"Sheet1"的 Visible 属性选择为"2-xlSheetVeryHidden"选项即深度隐藏。

解除隐藏。将工作表的 Visible 属性还原为-l-x1.SheetVisible 即可。使用 VBA 编程时，深度隐藏工作表 Sheet1 使用语句：Sheet1.Visible=xlSheetVeryHidden。解除工作表 Sheet1 的隐藏使用语句：Sheet1.Visible=xlSheetVisible。

2.2.3　工作表部分内容行的隐藏

隐藏工作表中的某些行，只要用鼠标拖动行号选中行，用鼠标右键单击选定的行从快捷菜单中选择隐藏命令即可实现。使用 VBA 编程时，隐藏工作表 Sheet1 的前 50 行使用语句如下。

Sheets("Sheet1").Select　Rows("1:50").SelectSelection.EntireRow.Hidden= True　将上述最后一句的 True 换成 False 即可以取消前 50 行的内容隐藏。

2.2.4　权限访问工作表的实现过程

以学生成绩单为例，管理 3 个专业 9 个班的 C 语言学生成绩。已经生成一个 Excel 工作簿，工作表 Sheet1 是始终显示的，用于显示此成绩管理系统的标题和使用说明。其他工作表都是默认深度隐藏的。其中 Sheet2～Sheet4 分别为工商管理 3 个班成绩，Sheet5～Sheet8 分别为财务 4 个班成绩，Sheet9～Sheet10 分别为金融 2 个班成绩，Sheet11 为密码表，密码表存放 3 个专业的登录密码和管理员密码。不同专业的学生只能看到自己专业的成绩表，且看到的成绩表只能浏览不能修改，管理员可以看到所有工作表，而且具有所有工作表的修改、编辑权限。密码表存放在 Sheet11 的 A1、A2、A3、A4 单元格中，分别对应工商管理、财务、金融、管理员。

1．建立用户登录窗体并设置属性

单击"开发工具"选项卡中"代码"组的"Visual Basic"按钮，打开"Microsoft Visual Basic for Application"设计窗口，单击"插入"选择卡的"用户窗体"按钮，插入一个如图 2-12 所示的用户窗体 UserForm1。

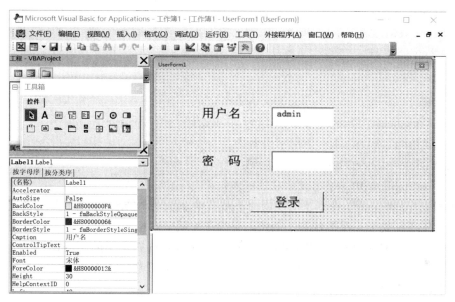

图 2-12　建立用户窗体

设置用户名文本框 Text 属性为"admin"，设置密码文本框的 Text 属性为"空"，设置密码文本框的 PassWord 属性为"*"。

2．设置工作簿的启动代码和关闭代码

设置工作簿的启动代码，让工作簿一启动只显示 Sheet1 工作表，隐藏其他工作表，对所有工作表使用密码表密码进行保护，避免其他非法用户操作工作表，并对所有工作表隐藏前 50 行数据（每班成绩都不超过 50 行），这样即使绕开宏代码也看不到工作表中的数据，启动代码，最后显示登录窗体让用户凭用户名和密码登录。

设置启动代码方法。用鼠标右键单击 VBAProject 窗口下的 ThisWorkbook 对象，选择"查看代码"命令，打开代码窗口，从左上方下拉列表框选择"Workbook"，从右上方下拉列表框选择"Open"，输入代码如下。

```
Public sht As Worksheet
    Public pw As String
    Private Sub Workbook_Open()
    Sheet1.Visible=xlSheetVisible
```

```
        pw=Worksheets("Sheet11").Cells(4,1)
        For Each sht In ThisWorkbook.Sheets
            Sht.Unprotect(pw)
            If sht.CodeName<>    "Sheet1" Then
            Sht.Visible=xlSheetVervHidden
            Sht.Activate
            Rows("1:50").Select
            Selection.EntireRow.Hidden=True
            End If
            Sht.Protect(pw)
        Next
        UserForml.Show(0)
End Sub
```

代码解释

- pw=Worksheets("Sheet11").Cells(4,1)：取出密码表中保护密码。
- Sheet1.Protect(pw)：工作表用密码保护。
- Sht.Visible=xlSheetVervHidden：隐藏工作表。
- UserForml.Show(0)：显示设定登录窗体。

当关闭工作簿时，为了保证下次使用前不被其他非法用户修改，特别是以管理员身份登录后，所有工作表都处于非保护状态，因此，必须在关闭前对相关工作表进行隐藏和保护。

设置关闭工作簿代码方法：用鼠标右键单击 VBAProject 窗口下的 ThisWorkbook 对象，选择"查看代码"命令，打开代码窗口，从左上方下拉列表框选择"Workbook"选项，从右上方下拉列表框选择"BeforeClose"选项，输入代码如下。

```
Private Sub Workbook BeforeCIose(Cancel As Boolean)
    Sheet1.Visible=xlSheetVisible
    pw=Worksheets("Sheet11").Cells(4,1)
    For Each sht In ThisWorkbook.Sheets
        Sht.Unprotect(pw)
        If sht.CodeName<> "Sheet1" Then
        Sht Activate
        Rows("1:50").Select
        Selection.EntireRow.Hidden=True
        Sht.Protect(pw)
        End If
    Next
    Sheet1.Protect(pw)
End Sub
```

3. 设置登录窗体 UserForm1 的 "登录" 代码

登录窗体可以实现不同专业学生，使用不同的用户名和登录密码，在系统中开放不同的工作表，供本专业学生浏览。

设置登录窗体代码方法。用鼠标右键单击 VBAProject 窗体对象下的【UserForm1】按钮，选择 "查看代码" 命令，打开代码窗口，从左上方下拉列表框选择 "CommandButton1" 选项（对应于登录按钮），从右上方下拉列表框选择 "Click" 选项，输入代码如下。

```
Private Sub CommandButton1_Click()
  pw = Worksheets("Sheet11").Cells(4,1)
  If TextBox1.Text = "admin1" Then
  If TextBox2.Text = Worksheets("Sheet11").Cells(1,1).Value Then
     UserForm1.Hide
     Sheet1.Visible = xlSheetVisible
     Sheet2.Visible = xlSheetVisible
     Sheet3.Visible = xlSheetVisible
     Sheet4.Visible = xlSheetVisible
     Sheet2.Unprotect (pw)
     Sheet3.Unprotect (pw)
     Sheet4.Unprotect (pw)
     Sheets("Sheet2").Select
     Rows("1:50").Select
     Selection.EntireRow.Hidden = False
     Sheets("Sheet3").Select
     Rows("1:50").Select
     Selection.EntireRow.Hidden = False
     Sheets("Sheet4").Select
     Rows("1:50").Select
     Selection.EntireRow.Hidden = False
     Sheet2.Protect (pw)
     Sheet3.Protect (pw)
     Sheet4.Protect (pw)
     MsgBox "工商管理专业命令正确，请开始工作！"
     Else
     MsgBox "密码不对，请重新输入！"
     End If
  ElseIf TextBox1.Text = "admin2" Then
  If TextBox2.Text = Worksheets("Sheet11").Cells(2, 1).Value Then
     UserForm1.Hide
     Sheet1.Visible = xlSheetVisible
     Sheet5.Visible = xlSheetVisible
     Sheet6.Visible = xlSheetVisible
```

```
            Sheet7.Visible = xlSheetVisible
            Sheet8.Visible = xlSheetVisible
            Sheet5.Unprotect (pw)
            Sheet6.Unprotect (pw)
            Sheet7.Unprotect (pw)
            Sheet8.Unprotect (pw)
            Sheets("Sheet5").Select
            Rows("1:50").Select
            Selection.EntireRow.Hidden = False
            Sheets("Sheet6").Select
            Rows("1:50").Select
            Selection.EntireRow.Hidden = False
            Sheets("Sheet7").Select
            Rows("1:50").Select
            Selection.EntireRow.Hidden = False
            Sheets("Sheet8").Select
            sht.Visible = xlSheetVisible
            sht.Unprotect (pw)
            sht.Activate
            Rows("1:50").Select
            Selection.EntireRow.Hidden = False
            Next
            MsgBox "管理员同志，所有用户权限开放，工作后及时退出！"
            Application.Left = 0
            Else
            MsgBox "用户密码不对，请重新输入！"
            End If
            Else
            MsgBox "无此用户名，请重新输入！"
        End If
End Sub
```

代码解释

- UserForm1.Hide：隐藏登录窗体。
- Sheet1.Visible：正常显示 Sheet1 表。
- Sheet2.Unprotect：撤销 Sheet1 表保护。
- Msgbox：弹出对话框。
- Selection.EntireRow.Hidden = False：所有工作表前 50 行取消隐藏。

此方法达到了不同用户对同一个工作簿中不同工作表有不同访问权限的目的，能够实现同一工作簿的多用户差别化访问功能。对于试图绕开宏代码，在首次启动时不启用宏的非法用户来说，这种方法也能被有效阻挡。因为已经对相关工作表做了必要的隐藏和保护，非法用户也只能看到 Sheet1 工作表的内容。当然这个程序还存在一定的局限性，对于 Excel 高手来说，通过分析程序代码，密码是可以被破解的。

2.3 函数，你也可以自定义

在 VBA 中创建函数有两种过程为子过程和函数过程。子过程通常可以完成某一种功能，而函数过程则是为了完成某种计算，并返回一个计算结果。在 VBA 中创建的函数过程不但可以在 VBA 中使用，还可以像其他 Excel 内置工作表函数一样，在工作表的公式中使用。本节将重点介绍创建自定义函数并在工作表公式中使用的方法。

2.3.1 创建自定义函数

要在 Excel 中自定义函数，需要先在 VBA 中创建函数。在默认情况下，Excel 2016 并不显示"开发工具"选项，需要单击【文件】→【选项】→【自定义功能区】，在右侧勾选【开发工具】选项，单击【确定】按钮返回即可，如图 2-13 所示。

图 2-13　在 Excel 2016 中添加开发工具

切换到"开发工具"选项卡，单击工具栏左侧【Visual Basic】按钮，即可打开 VBA 开发窗口，如图 2-14 所示。

在 VBA 环境下，用鼠标右键单击"Microsoft Excel 对象"按钮，选择【插入】→【模块】，然后在打开的模块窗口中就可以自定义函数了，如图 2-15 所示。

注意：一定不要在 ThisWorkbook 或 Sheet 模块中输入自定义函数的代码。

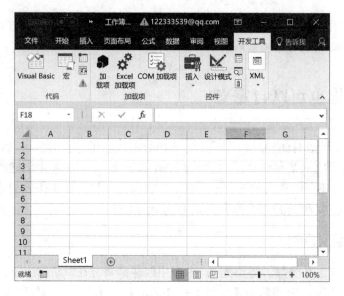

图 2-14　Visual Basic 所在区域

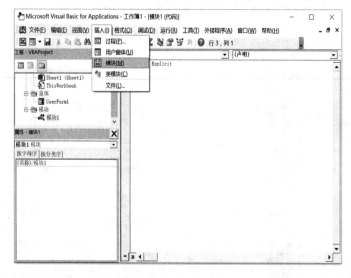

图 2-15　选择模块

在模块窗口输入一段简单的代码（以求两个整数的乘积为例）。

在 Function 和 End Function 之间输入自定义函数的代码，如图 2-16 所示。

```
Function 乘积(A As Integer,B As Integer)
    乘积 = (A*B)
End Function
```

代码解释

"Function"表示这是一个函数，"乘积"是这个函数的名称，括号内表明两个参数，分别是整数 a 和 b。中间一行代码表示对这两个整数进行相乘运算。最后一行"End Function"表示函数结束。完成自定义函数的创建后，即可在工作表公式中或其他 VBA 过程中使用该函数。

图 2-16 自定义求两个整数的乘积函数

1. 在工作表公式中使用自定义函数

当创建好自定义函数后，就可以像使用 Excel 内置工作表函数一样，使用自定义函数。使用自定函数一般分两种方法：

第一种可以在单元格中通过手工的方法输入自定义函数。以"乘积"函数为例。在 A1 单元格输入"50"，在 B1 单元格中输入"20"，在 C1 单元格中输入公式"=乘积(A1,B1)"，就可得出正确的乘积数，如图 2-17 所示。

第二种可以使用"插入函数"对话框，具体操作如下：

（1）单击要输入函数的单元格，然后单击公式栏左侧的【插入函数】按钮 f_x 。

（2）打开"插入函数"对话框，选择"或选择类别"列表中的"用户定义"类别。在"选择函数"列表框中可以看到当前可以使用的自定义函数，如图 2-18 所示。

图 2-17 在 Excel 中使用自定义函数

图 2-18 找到自定义的函数

（3）选中要使用的函数，单击【确定】按钮。打开"函数参数"对话框，在该对话框中依次输入自定义函数的参数，如图 2-19 所示。

图 2-19　输入自定义函数参数

（4）输入自定义函数的参数后，单击【确定】按钮，即可得到计算结果。

2. 设置自定义函数的说明信息

如果在"插入函数"对话框中选择 Excel 内置的工作表函数，那么会在该对话框的下方显示所选函数的说明信息。但是如果选择的是自定义函数，则不会显示函数的信息，这需要用户手工设置，具体操作如下：

（1）打开包含自定义函数的工作簿，然后单击【开发工具】→【宏】。

（2）打开【宏】对话框，在【宏名】文本框中输入要添加说明信息的自定义函数名称，如图 2-20 所示。

（3）单击【选项】→【宏选项】，在"说明"文本框中输入自定义函数的说明信息，如图 2-21 所示。

图 2-20　手工输入自定义函数名称

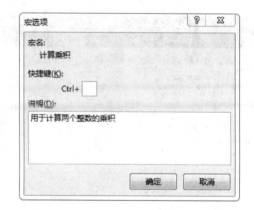

图 2-21　设置自定义函数的说明信息

（4）单击【确定】按钮，完成自定义函数说明信息的设置。当在"插入函数"对话框选择该自定义函数时，即可看到说明信息，如图 2-22 所示。

图 2-22　在选择自定义函数时可以看到说明信息

提示：在设置自定义函数的参数时，用户不能为每个参数添加说明信息。

3. 共享自定义函数

如果创建的自定义函数只供自己使用，那么可以将自定义函数保存到个人宏工作簿 Personal.xlsb 中，这样在所有打开的工作簿中都可以使用该自定义函数。在录制宏的内容时，也曾经提到过个人宏工作簿的相关概念。如果 Office 安装在硬盘的 C 分区，那么个人宏工作簿 Personal.xlsb 的默认位置为 C:\Documents and Settings\用户名\Application Data\Microsoft\ Excel\XLStart，此用户名是登录 Windows 操作系统时的用户名称。如果要将在当前工作簿中创建的自定义函数给其他用户使用，那么需要将包含自定义函数的工作簿制作为一个加载项，然后让需要使用该自定义函数的用户安装该加载项即可。

2.3.2　了解 Excel 函数过程中的参数

在 Excel 工作表公式中使用不同的函数时，通常需要输入函数的参数，然后才能得出正确结果。当然，也有极少一部分函数不需要参数，如时间函数 Now，在单元格中输入"=Now()"按【Enter】键后，即得到当前的时间。

在 VBA 中编写自定义函数时，也要根据函数的功能为自定义函数设计不定数量的参数，以便在使用中用户可以给函数参数赋值而获得想要的结果。本节将介绍自定义函数参数的几种类型。

1. 不使用参数的函数

自定义函数可以不使用任何参数，这通常在需要通过自定义函数返回一个信息时使用。如自定义函数返回当前工作簿的路径，就不需要使用任何参数。

```
Function GetPath()
GetPath = ActiveWorkbook.FullName
End Function
```

在单元格中输入"=GetPath()"并按【Enter】键后,将在单元格中显示当前工作簿的路径,如图 2-23 所示。当在单元格输入等号"="后,可以通过 Excel 2016 的自动完成功能,在列表中找到自定义函数。

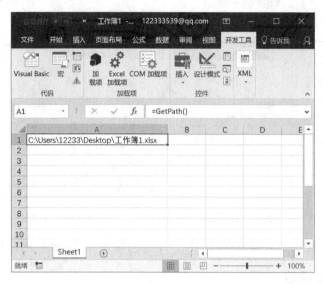

图 2-23　使用无参数函数返回工作簿路径

提示: 与 Excel 内置的工作表函数一样,即使自定义函数不使用参数,但是在输入函数时也要包含一对圆括号。

2. 使用有一个参数的函数

有时可能需要通过给定一个数值来获得结果。如在使用 Excel 的工作表函数 ABS 时,需要通过给定一个数字,返回它的绝对值。那么在自定义函数时,设置一个参数,在公式中使用自定义函数时,也要输入一个参数,才能得出正确结果。

```
Function FacTR (Num)
    Dim i As Integer
    Dim Total As Long
    Total = 1
    For i = 1 To Num
    Total = Total * i
    Next i
    FacTR = Total
End Function
```

如自定义函数通过用户输入一个数字,求该数字的阶乘。

在工作表中输入该函数时,要求输入一个参数,如输入"= FacTR(10)",按【Enter】键,将得到给定参数值的阶乘,如图 2-24 所示。

图 2-24　使用一个参数的函数计算数字的阶乘

3. 使用多个参数的函数

如果需要参与计算的条件较多，一个参数不够用时，那么可以在自定义函数中设置多个参数。如可以创建一个自定义函数，根据给定的商品单价和销售数量，计算员工的销售奖金。当销售额小于 200 000 时，以销售额的 8%作为奖金金额；当销售额在 200 001 到 400 000 时，以销售额的 10%作为奖金金额；如果销售额大于 400 000，那么以销售额的 15%作为奖金金额，下面的自定义函数正是用来计算这种奖金方法的。

```
Function GetReward(SalePrice, Number)
    Dim Total As Long
    Total = SalePrice * Number
    Select Case Total
    Case 0 To 200000
    GetReward = Total * 0.1
    Case 200001 To 400000
    GetReward = Total * 0.1
    Case Else
    GetReward = Total * 0.15
    End Select
End Function
```

在公式中输入上面的自定义函数 GetReward，并指定函数中的两个参数（商品单价和销售量），即可得到奖金金额，如图 2-25 所示。

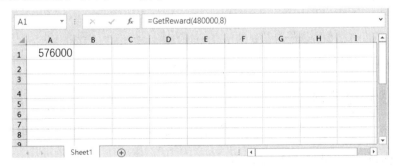

图 2-25　通过两个参数的自定义函数计算销售奖金

提示：如果两个参数仍不够，还可以设置更多个参数，其创建和使用方法与包含两个参数的自定义函数是相同的。

4. 使用整个区域作为参数的函数

在 Excel 内置工作表函数中，有些函数需要用户提供表示区域的参数，然后根据给定的区域返回某个符合条件的值。如对于 Large 函数，它可以返回指定区域中的第几个最大的值。但是要计算区域中前 n 大的值之和的百分之几，那么使用包含 Large 函数的公式是相当麻烦的。

如要计算区域 A1:E5 中前 3 大的数值的 20%，需要使用的公式如下。

=(LARGE(A1:E5,1)+LARGE(A1:E5,2)+LARGE(A1:E5,3))*20%

如果现在要计算区域 A1: E5 中前 5 大的数值的 25%，那么修改此公式是不是很麻烦呢？这时就可以通过自定义函数来简化公式输入的麻烦。

```
Function LargePercentCount(Range,LargeNumber,Percent)
Dim i As Integer
Dim Total As Long
For i = 1 To LargeNumber
Total = Total + WorksheetFunction.Large(Range,i)
Next i
LargePercentCount = Total * Percent
End Function
```

代码解释

在公式中使用参数 Range 指定要参加计算的单元格区域；通过 LargeNum 指定要参加计算的前几大的值的数量；通过 Percent 参数指定用于计算的百分比值。在工作表中输入自定义函数，并指定 3 个参数，即可得到计算结果，如图 2-26 所示。

图 2-26　使用整个区域作为参数的函数计算

2.3.3　自定义函数实例

本节将列举一些比较实用的自定义函数实例，说明它们在使用 Excel 时很有用。

1. 获取当前工作簿的路径和名称

Excel 内置的工作表函数并没有提供用于返回当前工作簿路径和名称的函数，可以通过自定义函数来实现这个功能，自定义函数用于返回当前工作簿的路径和名称如下：

```
Function GetWBPath()
GetWBPath = Application.ThisWorkbook.FullName
End Function
```

在工作表单元格中输入"=GetWBPath()"，按【Enter】键即可得到当前工作簿的路径和名称。由如图 2-27 所示可以看出，包含代码的工作簿存储在 C:\Users\Administrator\Desktop 中，工作簿名称为"第二章.xlsx"。

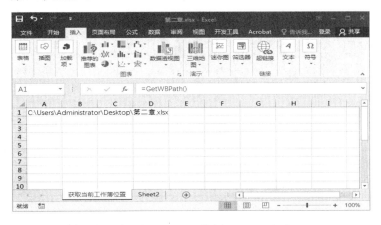

图 2-27　返回当前工作簿的路径和名称

2. 确定单元格数据的类型

自定义函数可以判断不同的单元格中的数据类型，参数 Sheet 代表要判断数据类型的单元格。使用不同的值类型判断函数，检测单元格，然后根据检测结果来返回不同的类型名称。

```
Function SheetType(Sheet As Range)
  Select Case True
    Case Application.WorksheetFunction.IsText(Sheet)
    SheetType = "文本"
    Case Application.WorksheetFunction.IsLogical(Sheet)
    SheetType = "逻辑值"
    Case IsEmpty(Sheet)
    SheetType = "空值"
    Case IsNumeric(Sheet)
    SheetType = "数值"
    Case Application.IsError(Sheet)
    SheetType = "错误值"
    Case IsDate(Sheet)
    SheetType = "日期"
  End Select
End Function
```

代码解释

- Application.WorksheetFunction.IsText(Sheet)：判断是否为文本。
- Application.WorksheetFunction.IsLogical：判断是否为逻辑值。
- IsNumeric(Sheet)：判断是否为数值。
- Application.IsError(Sheet)：判断是否为错误值。

在如图 2-28 所示的工作表中，区域 A1:A7 显示了不同类型的数据，而在单元格 B1 中输入下面的公式"=SheetType(A1)"，将公式向下拖动复制到单元格 B7 中，在区域 B1:B7 的每个单元格中将显示区域 A1:A7 每个单元格的数据类型。

图 2-28　利用自定义函数判断单元格数据的类型

3. 查找区域中第一个非空的单元格

当单元格区域中包含大量数据时，可以使用自定义函数检查区域中的每一个单元格，并返回第一个非空单元格的值。其中，参数 MyRange 代表要搜索的区域。

```
Function FirstNoBlank(MyRange As Range)
    Dim Sheet As Range
    For Each Sheet In MyRange
    If Not IsNull(Sheet) And Sheet <> "" Then
    FirstNoBlank = Sheet.Value
    Exit Function
    End If
    Next Sheet
    FirstNoBlank = Sheet.Value
End Function
```

代码解释

For Each Sheet In MyRange：遍历区域中的每一个单元格。

在如图 2-29 所示的工作表中，区域 A1:J1 中的部分单元格包含数据，某些单元格为空。在单元格 B1 中输入公式如下。

```
=FirstNoBlank(A1:J1)
```

按【Enter】键，将通过自定义函数 FirstNoBlank 检测区域 A1:J1，并返回第一个非空单元格包含的内容，即单元格 A2 中的值。

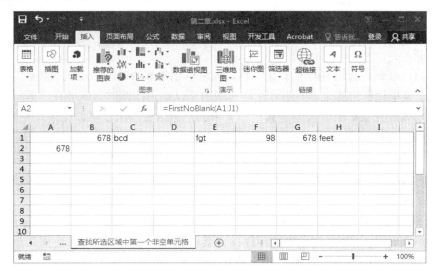

图 2-29　返回第一个非空单元格的内容

2.4　搭配属于自己的菜单

在 Excel 中，除了通过菜单提供基本操作功能之外，也提供了扩展自定义功能的接口，即自定义自己的工具栏、菜单栏。

本节着重介绍如何在 Excel 2016 版本中通过编程方式自定义菜单和菜单栏的方法，包括在 Excel 中管理和自定义菜单栏、菜单、命令、子菜单和快捷菜单。将通过代码实例进行分步说明。

在 Microsoft Excel 2000 以上版本中实现与自定义菜单栏和菜单相关的常见任务，可以使用"自定义"对话框，如图 2-30 所示。但如果要实现较高级任务或为自定义程序定制菜单栏和菜单，就需要创建 Microsoft Visual Basic for Applications (VBA) 代码。

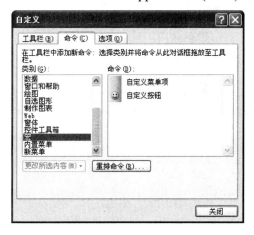

图 2-30　"自定义"对话框

如何使用"自定义"对话框的更多信息，可以单击"帮助"菜单的"Microsoft Excel 帮助"选项，在"Office 助手"或"搜索向导"中键入自定义菜单栏，然后单击"搜索"按钮查看主题。

在 Microsoft Office 中，所有工具栏、菜单栏和快捷菜单都被"命令栏"这样一种对象以编程方式控制。

即可以修改任何内置的菜单栏和工具栏，也可以创建和修改用自己的 VBA 代码交付的自定义工具栏、菜单栏和快捷菜单，还可以将程序功能以单个按钮的形式放在工具栏中，或以命令名称组的形式放在菜单中。因为工具栏和菜单都是命令栏，所以可以使用同一类型的控件。

在 VBA 和 Microsoft Visual Basic 中，按钮和菜单项用 CommandBarButton 对象表示；显示菜单和子菜单的弹出控件用 CommandBarPopup 对象表示。"Menu"和"Submenu"控件都是用于显示菜单和子菜单的弹出控件，并且这两个控件是各自控件集中唯一的 CommandBar 对象。

在 Microsoft Excel 中，菜单栏和工具栏被视为是同一种可编程对象，即 CommandBar 对象。可以使用 CommandBar 对象中的控件指代菜单、菜单项、子菜单和快捷菜单，也可以在 Type 参数中使用一个常量为每个控件指定要用于菜单、子菜单或命令的控件类型。

第**3**章▶▶

基础篇

学习一种编程语言及工具，首先要从编写的环境说起，了解什么是宏，宏的开发环境是什么。本章在此基础上，介绍了 VB 的语法规则，包括变量和常量、数据类型、运算符、表达式、程序的三个控制结构，以及在 VBA 中常用的数组和过程。

3.1 重复的操作，可以录制下来

Excel 最强大的功能是能够创建和使用宏，这是它与其他电子表格软件所不同的。Excel 的宏是用 VBA 语言编写的，编写的宏可以控制 Excel，并能对 Excel 的功能进行扩充。

3.1.1 关于宏

宏是由一系列的 VBA 命令组成的程序，可以自动执行任务的一项或一组操作。在 Excel 中如果需要重复执行某个操作，就可以通过宏将 Excel 的一组命令组合在一起，实现任务的自动化。

对于 Excel 中的表，如果经常需要去掉背景色，并且进行字体加粗、居中和排序处理，就可以将这些重复操作的步骤录制为一个宏，在使用的时候执行该宏，即可快速完成，减少不必要的重复操作。

在 Excel 中将宏创建好后，可以将宏分配给不同的对象，如按钮、图形图像和快捷键等，这样在执行宏的时候只需要单击按钮或者快捷键即可。正是由于具有操作方便的特性，可以使用宏扩展 Excel 的功能。当创建的宏不再继续使用时，可以将其删除。

3.1.2 创建宏

Excel 提供了两种创建宏的方法：一种是用 Excel 提供的宏录制器录制用户的操作；另一种是使用 Visual Basic 编辑器编写宏代码。

利用宏录制器可以记录用户在 Excel 中的操作及步骤，自动创建需要的宏，对于不了解代码的用户是非常方便的。

使用 Visual Basic 编辑器可以打开录制好的宏，修改其中的命令，也可以在 Visual Basic 编辑器中直接输入代码。在创建宏时有些无法录制的命令只能使用 Visual Basic 编辑器创建。

在录制或编写宏之前，应先确定宏要执行的命令和步骤，避免在录制的过程中出现失误，因为改正失误的操作也会被 Excel 录制到宏中。

如果要对宏进行录制、编写、运行或者用 VBA 创建应用程序，需要使用 Excel 中的"开发工具"选项卡，在 Excel 2016 中，"开发工具"选项卡是隐藏的，需要将其显示出来，步骤如下。

第一步：在 Excel 的菜单栏中，单击【文件】→【选项】，如图 3-1 所示。

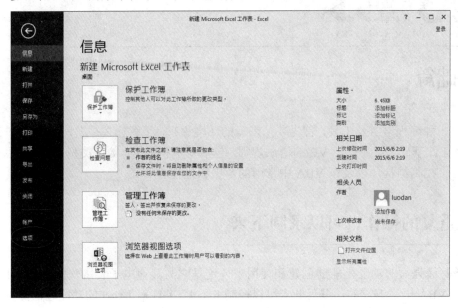

图 3-1　"文件"选项卡

第二步：打开"Excel 选项"对话框，单击左侧的"自定义功能区"选项，然后在右侧的主选项卡中勾选"开发工具"复选框，单击【确定】按钮，如图 3-2 所示。

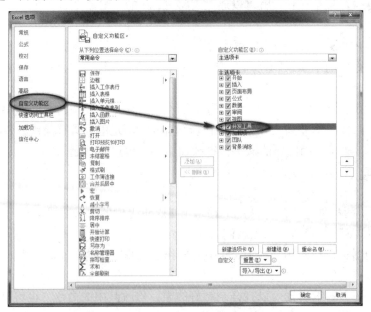

图 3-2　"Excel 选项"对话框

经过以上步骤，"开发工具"选项卡就添加到主菜单中了。单击"开发工具"选项卡将显示"开发工具"功能区，如图 3-3 所示。

图 3-3　"开发工具"选项卡

1．录制宏

启动宏录制器，并按照步骤进行一系列操作，即可在 Excel 中创建宏。

下面通过一个实例来演示录制宏的过程。在制作表格时，通常要将表头的字体设置得更醒目，选中单元格（表头）的字体，设置为"黑体"，字号为"20"，具体操作步骤如下。

第一步：在 Excel 中打开或新建一个工作簿，选取一个单元格。在"开发工具"功能区中单击【录制宏】按钮，如图 3-4 所示。

图 3-4　录制宏

第二步：在"录制宏"对话框中输入宏的名称"设置表头字体"，如图 3-5 所示。在 Excel 中，宏的名称可以包含字母、数字、下画线和中文，但不能包含空格。如果要对宏添加快捷键，可在"快捷键"的文本框中输入任意一个字母；在"保存在"下拉列表中选择"当前工作簿"；在"说明"文本框中输入对宏的说明信息。

第三步：单击【确定】按钮，关闭"录制宏"对话框并开始录制。此时"开发工具"功能区的【录制宏】按钮将变为【停止录制】。设置表头字体为"黑体""加粗"，如图 3-6 所示。

第四步：在"开发工具"功能区中，单击【停止录制】按钮结束录制宏。

图 3-5　"录制宏"对话框

图 3-6　设置表头字体

2. 使用 Visual Basic 创建宏

使用宏录制器可以创建按顺序完成的宏操作,但如果需要在宏中循环执行一些操作,宏录制器就无法实现,这时就需要使用 Visual Basic 编辑器(VBE)来创建宏。在 VBE 中可以使用 VBA 代码来实现各种复杂的操作,用 VBE 创建宏的操作步骤如下。

第一步:在"开发工具"功能区中单击【Visual Basic】按钮,打开 VBE 窗口,如图 3-7 所示,VBE 窗口的组成和使用将在 3.2 节中介绍。

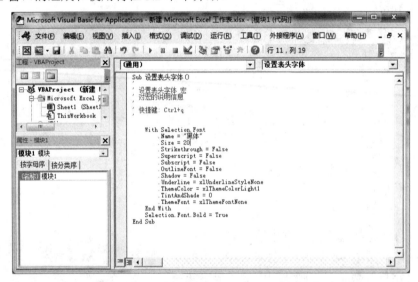

图 3-7　VBE 窗口

第二步:在 VBE 窗口中输入代码,即可完成宏的创建。

3.1.3　运行宏

在 Excel 中如果要运行宏,需要对宏的安全级别进行设置,在"开发工具"功能区选择"宏安全性"选项,弹出"信任中心"对话框,如图 3-8 所示。

在"宏设置"中有 4 个选项,在默认情况下,Excel 对宏的设置是"禁用所有宏,并发出通知",这时 Excel 只运行具有数字签名或存储在受信任位置的宏,如果要运行的宏没有数字签名且不是存储在受信任的位置,则需要修改宏的安全级别才可以。对宏安全性的设置说明如下。

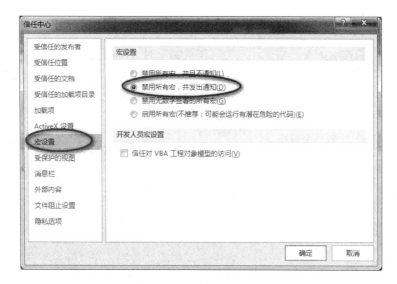

图 3-8　"信任中心"对话框

- "禁用所有宏，并且不通知"：如果不信任宏，则使用此设置。文档中所有的宏及有关宏的安全警报都将被禁用。
- "禁用所有宏，并发出通知"：默认设置。禁用宏，但当 Excel 中存在宏的时候发出安全警报，这样可以根据具体情况选择是否要启用这些宏。
- "禁用无数字签署的所有宏"：此项设置与第二个选项相同，但下面这种情况除外，如果宏已经由受信任者进行了数字签名，就可以运行宏，如果不信任发行者，则发出通知。
- "启用所有宏"：可以使用此设置以便运行所有的宏，但这项设置容易让计算机受到恶意代码的攻击，所以不建议永久使用这项设置。

创建完成的宏需要运行一次以验证宏的正确性。在 Excel 中，运行宏的方法有很多种，既可以使用"宏"对话框，也可以使用在创建宏时设置的快捷键，还可以使用控件等。

1．使用"宏"对话框运行宏

通过"宏"对话框可以执行宏，还可以对宏进行管理、编辑和调试等操作。通过"宏"对话框运行宏的步骤如下。

第一步：在"开发工具"功能区中，单击【宏】按钮，如图 3-9 所示。

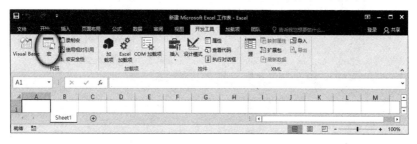

图 3-9　开发工具的宏选项

第二步：打开"宏"对话框，如图 3-10 所示。

第三步：在"宏名"文本框中选中一个宏，可以单击右侧的【编辑】按钮对宏进行编辑，单击【执行】按钮可以执行选中的宏。

图 3-10　"宏"对话框

2. 使用键盘快捷键运行宏

在录制宏时，可以为每个宏指定一个快捷键，通过快捷键运行宏是最方便的方法。如果在创建宏时未制定快捷键或需要修改原有的快捷键，则可以在"宏"对话框中对宏进行编辑。

3. 通过控件运行宏

在 VBE 环境中可以在 Excel 中添加多种控件，如按钮、图形图像等，通过这些控件也可以运行宏。当用户单击控件按钮运行宏时，具体步骤如下。

第一步：在已创建了"设置表头字体"宏的工作表中录入相应的数据，在"开发工具"功能区中单击【插入】按钮，弹出如图 3-11 所示的"表单控件"下拉列表。

图 3-11　"表单控件"下拉列表

第二步：在控件的下拉列表中选择"按钮"控件，在 Excel 表格中绘制一个按钮，如图 3-12 所示。

图 3-12　添加按钮

第三步：按钮绘制好后，松开鼠标会弹出如图 3-13 所示的"指定宏"对话框。在对话框中选择"设置表头字体"，单击【确定】即可为按钮制定宏。

第四步：在 Excel 中选中表头部分的单元格，单击新创建的按钮，即可运行"设置表头字体"宏把表头部分设置为相应的格式，如图 3-14 所示。

图 3-13　"指定宏"对话框

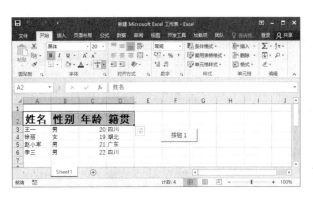

图 3-14　运行宏

4．打开工作簿自动运行宏

如果希望宏在打开 Excel 工作簿时能自动运行，可以用两种方法设置：一种是在录制宏的时候将宏的名称设置为"Auto_Open"；另一种方法是使用 VBE 在工作簿的 Open 事件中编写 VBA 过程。这两种方法都可以在打开 Excel 工作簿的时候自动运行宏，但第一种方法录制 Auto_Open 宏有很多限制，所以一般都使用第二种方法。下面以打开工作簿时显示一个"欢迎"对话框为例说明自动运行宏的设置，详细步骤如下。

第一步：打开 VBE 环境，在"工程资源管理器"窗口中选择"模块1"，在打开的代码窗口中输入代码，如图 3-15 所示。

第二步：关闭 VBE 环境，保存并退出 Excel 工作簿。再次打开刚才的工作簿，就会显示设置的"欢迎"对话框，如图 3-16 所示。

图 3-15　输入自动运行宏的代码

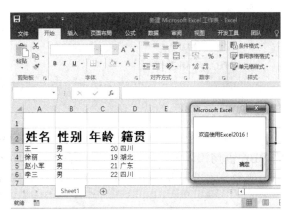

图 3-16　"欢迎"对话框

5．在 VBE 环境中运行宏

前面介绍了几种在 Excel 环境中执行宏的方法，但对于 Excel 应用程序的开发人员来说，更习惯在 VBE 中对宏进行调试、修改等操作，下面介绍在 VBE 中运行宏的方法。

由于在 VBE 中运行宏时无法看到运行结果，为了观察宏的运行情况，可以将 Excel 窗口和 VBE 窗口同时显示在屏幕上。

第一步：在 VBE 窗口中可能包含不止一个宏，所以首先要单击需要执行的宏代码部分。

第二步：单击菜单命令【运行】→【运行子过程/用户窗体】，或者在工具栏中单击【运行宏】按钮。或者按【F5】键都可以运行宏，如图 3-17 所示。

图 3-17　通过菜单命令和工具按钮运行宏

3.1.4　编辑宏

使用宏录制器创建的宏最终生成 VBA 语句，用户可以对这些代码进行修改。

宏代码以 "Sub" 开头，以 "End Sub" 结尾，其结构如下。

```
Sub 宏名称()
    '说明
    VBA 语句 1
    VBA 语句 2
    …
End Sub
```

在关键字 "Sub" 后面是宏的名称，在 "Sub" "End Sub" 之间是运行宏的时候需要执行的 VBA 语句，以单引号开头的是程序的注释内容，VBA 在运行过程中会忽略该语句。

例如，本节前面录制的宏 "设置表头字体" 的代码如下。

```
Sub 设置表头字体()
' 设置表头字体宏
' 宏的说明信息
' 快捷键：Ctrl+q
'
    With Selection.Font
```

```
            .Name = "黑体"
            .Size = 20
            .Strikethrough = False
            .Superscript = False
            .Subscript = False
            .OutlineFont = False
            .Shadow = False
            .Underline = xlUnderlineStyleNone
            .ThemeColor = xlThemeColorLight1
            .TintAndShade = 0
            .ThemeFont = xlThemeFontNone
        End With
        Selection.Font.Bold = True
    End Sub
```

在这段代码中，每行代码的句点用来连接 VBA 语言中不同的要素，代码块以"With"开头，以"End With"结尾可以加快宏代码的执行速度，详细内容将在后续章节中介绍。

从上面的宏代码可以看出，录制宏生成的 VBA 代码不仅记录了单元格区域的字体、字号、粗体，其他有关字体的设置如阴影、下画线等都被记录了下来，这些是 Excel 生成的多余的指令，为了让代码变得简洁，提高代码的执行速度，可以删除这些不必要的代码，经过处理的宏代码如下。

```
Sub  设置表头字体()
'  设置表头字体宏
'  宏的说明信息
'  快捷键：Ctrl+q
'
    With Selection.Font
        .Name = "黑体"
        .Size = 20
        .Bold = True
    End With
    End Sub
```

这段代码就非常简洁，只保留了需要设置效果的三条语句，运行宏后得到的效果和前面一长串代码的效果是一样的。

3.2 了解 VBA 的编程工具——VBE

3.1 节介绍了宏的录制、运行和修改，对于录制宏的修改必须在 VBE 中完成，本节详细介绍 VBE 的开发环境。

3.2.1 VBE 概述

VBE 是一个单独的应用程序，拥有独立的操作窗口，可以与 Excel 结合，使用 VBE 开发环境可以创建 VBA 过程、创建用户窗体、查看/修改对象属性以及调试 VBA 程序。

打开 VBE 的方法有很多种，可以在"开发工具"的功能区中单击【Visual Basic】按钮打开，也可以单击"宏"进入宏对话框，选择"编辑"选项打开，还可以按【Alt+F11】快捷键打开。打开后的 VBE 窗口如图 3-18 所示。

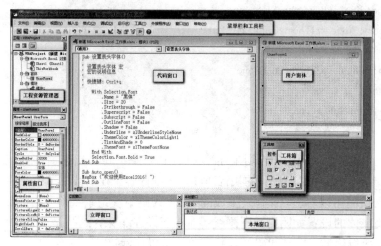

图 3-18 VBE 窗口

下面简单介绍 VBE 窗口中每个部分的功能。

- 菜单栏：包含绝大多数命令，用户在执行命令时只要在菜单栏中进行选择即可。
- 工具栏：在默认情况下，VBE 有 6 个工具栏，显示在菜单栏的下方，其他工具栏都处于隐藏状态，用户可以根据需要设置内容。
- 工程资源管理器：用来管理 VBA 整个工程项目。在 Excel 中打开的工作簿都可以在工程资源管理器中进行管理，还可以自定义窗体、增加代码模块等，详细内容在 3.2.2 节中介绍。
- 属性窗口：用来设置对象的属性，包含属性名和属性值。属性的设置可以直接输入，也可以在下拉列表框中进行选择。属性窗口将在 3.2.3 节中详细介绍。
- 代码窗口：在 VBE 中，每个对象都有一个关联的代码窗口，双击窗体中的对象或者选择"查看代码"都可以打开代码窗口。代码窗口的详细使用将在 3.2.4 节中介绍。
- 用户窗体：主要用来与用户进行交互，如设计宏的启动按钮，或者设计一些文本框用来接收用户输入的数据等。用户窗体的使用将在 3.2.5 节中介绍。
- 工具箱：调出用户窗体的时候，工具箱会自动出现。工具箱里是用户在设计窗体界面时可以用到的所有的控件。
- 立即窗口：主要用于程序的调试。在开发过程中，可以在代码中加入 Debug.Print 语句，在立即窗口就会显示输出内容，用来跟踪程序的执行过程以及变量的状态。
- 本地窗口：可以自动显示当前过程中所有的变量以及变量的值。

3.2.2 工程资源管理器

在 VBE 中，Excel 的工作簿和宏都在工程资源管理器中进行集中管理。工程资源管理器是以树形结构来管理各种资源的。单击工程名称左侧的加号按钮可以展开资源，单击减号按钮将折叠资源。如图 3-19 所示，一个工程包含"Microsoft Excel 对象""窗体""模块"三个节点。"Microsoft Excel 对象"包含 Excel 工作簿中的所有工作表和图表；"窗体"包含该工程中设计的用户自定义窗体；"模块"包含在 Excel 中录制的宏，以及用户编写的 VBA 代码等。

在工程资源管理器上方有三个按钮，第一个按钮为"查看代码"，用来显示当前选中的对象或模块的代码窗口；第二个按钮为"查看对象"，用来显示 Excel 对象文件夹中所选择的工作表或者窗体文件夹里的窗体；第三个按钮为"切换文件夹"，用来隐藏或显示工程窗口里的文件夹。

通过工程资源管理器还可以插入对象、导入/导出文件等。在工程资源管理器的某个对象上单击鼠标右键，弹出快捷菜单，选择相应的命令即可对不同的对象进行管理，文件、窗体和模块的管理操作基本相同，如图 3-20 所示。

图 3-19　工程资源管理器窗口

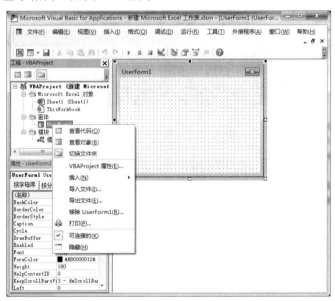

图 3-20　窗体的管理操作

在弹出的页面中单击"插入"按钮可以插入窗体和模块，需要删除窗体和模块的时候单击"移除"按钮，对于选中的文件可以用"导出文件"导出，外部文件也可以用"导入文件"进行导入，具体的步骤在此不做详细介绍。

3.2.3 属性窗口

在 VBE 环境中，可以通过属性窗口查看或者修改工程中不同对象的属性。属性窗口如图 3-21 所示，包括对象下拉列表、属性名和属性值三个部分。

在属性窗口的对象列表中显示的是当前所选对象的名称，单击右侧的下拉按钮可以查看在当前环境下所有对象的名称。在列表框中选择某个对象后，下拉列表中显示的是该对象的属性列表，列表分左右两侧，左侧为属性名，用户不能修改；右侧为属性值，用户可以根据需要进行设置。

在设置属性值时，有些属性值可以手工输入，如对象的名称、高度和宽度等，有些属性值用户可以直接在下拉列表中进行选择，如图 3-22 所示。

图 3-21 "属性"窗口

图 3-22 选择属性值

3.2.4 代码窗口

VBE 的代码窗口可以用来查看、修改录制好的宏代码，也可以编写 VBA 程序，在工程中的每个对象都有一个与之关联的代码窗口，如图 3-23 所示。

图 3-23 代码窗口

代码窗口的顶部有两个下拉列表框：左边为"对象"框，用在当前环境下各对象之间的切换；右边为"过程"框，可以快速查看一个指定对象的过程或者事件的代码，不同事件之间的代码用横线隔开。

通过录制宏生成的代码是 Excel 自动生成的，可以在代码窗口中对其进行修改。在编辑代码时可能会出现错误，一般可以分为语法错误和逻辑错误两种。大多数语法错误 VBE 是可以自动识别并马上给出提示的，如括号不匹配、单词拼写错误等；但逻辑错误是 VBE 无法识别的，逻辑错误是程序能正常运行但运行的结果是错误的，这就需要对代码进行排查，发现错误并修改代码。

3.2.5　用户窗体

用户窗体是用户设计应用程序的界面，对应于应用程序运行结果的界面。在用户窗体中可以创建各种空间，并通过修改控件的属性值来改变控件在窗体上的风格。在 VBE 环境中，调出用户窗体的同时，工具箱也会显示出来。在工具箱中有设计窗体时所需的各种控件，如图 3-24 所示。

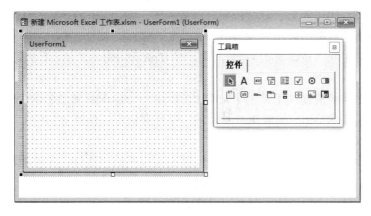

图 3-24　窗体和工具箱

3.3　VBA 程序设计编写规则

在使用 VBA 进行代码编写之前，要先学习 VBA 程序设计的基础知识，了解 VBA 程序的基本元素、VBA 处理的数据类型以及程序结构等。

3.3.1　常量和变量

在程序运行的过程中，通常需要将计算结果保存在计算机的内存里。数据保存在内存中，需要使用某种方式引用它，就必须给这些内存一个名称，这就是标识符，定义标识符时应该遵循以下规则。

- 以字符开头，包含字母、数字和下画线，不区分大小写。
- 长度不能超过 255 个字符。
- 不能使用 VBA 的关键字。
- 同一个过程不能使用重复的名称。

1. 常量

在程序运行过程中，值不能发生变化的数据是常量。常量的值在程序执行之前已经确定，在程序执行的过程中是不能被改变的。由于常量值的数据类型不同，常量分为常数和符号常量两种。

（1）常数。

常数是一个唯一的所见即所得的数据，根据数据类型的不同，常数可以分为数值型常数、字符串常数、日期型常数和布尔型常数。

数值型常数：由数字、小数点和正负号组成的常数。数值型常数包括整型、浮点型、货币型几种，如 520 是整型常数；520.1314 是浮点型常数；货币型常数是为财务数据表示和计算而设置的，它的取值范围可以达到小数点前 15 位，小数点后 4 位。

字符串常数：由一对""界定，包括数字、字符、特殊符号和汉字的字符串。如"VBA 程序设计""abcedfg""10+20=30"都是正确的字符串常数。

日期型常数：由一对""或者一对##界定，包括日期和时间。日期的年、月、日之间的分隔符用"/"或"-"，顺序为年、月、日或月、日、年。如"2017/7/30"、#12-24-2016#、"2009 年 9 月 9 日"等都是正确的表示日期的方法。

布尔型常数：也叫（逻辑常数），只有两个值 True 和 False，表示真和假。

（2）符号常量。

如果在程序中需要反复使用某一个常数，可以用一个标识符来命名这个常数，在需要使用该常数的地方用其名称即可，这就叫符号常量。符号常量可以保持常量的性质，其值在程序运行过程中不能被改变。

使用符号常量的优点在于见名知其意，可以提高程序的可读性。符号常量可以代替冗长的常数，简化输入，并易于修改。符号常量分为两种，一种是系统提供的符号常量，另一种是用户自定义的符号常量。

系统提供的符号常量是 VBA 系统内部提供的各种不同用途的符号常量，往往与应用程序的对象、方法或属性相结合使用，有确定的标识符和值。在 VBA 中，系统符号常量一般采用大小写混合的格式，前缀表示常量的对象库名，如在 Excel 中系统符号常量都是以 xl 作为前缀，而在 VB 中的系统常量通常以 vb 作为前缀，如"vbBlack"表示黑色，"xlWorkBook"表示 Excel 的一个工作簿。

用户自定义的符号常量声明的语句格式如下。

```
Const 符号常量名=符号常量值/符号常量表达式
```

符号常量的命名规则与标识符的命名规则一样，自定义的符号常量不能使用与系统符号常量相同的名称。等号的右边可以是一个常数，也可以是由常量和运算符组成的表达式，但这个表达式要可以计算出唯一的确定值。可以在一行中声明若干个符号常量，不同的符号常量之间以逗号隔开，下面是几个声明符号常量的例子：

```
Const PI=3.1415926          '声明一个常数
Const name="李小平"          '声明一个字符串常数
Const area=3.14*6*6          '用表达式声明一个常数
Const a=10, b=15, c=20       '声明多个符号常量
```

2. 变量

在程序运行过程中，值可以被改变的量叫作变量。变量和常量不同，变量保存的值可以被改变。变量在使用之前应该先声明，让 VBA 知道该变量的名称和数据类型，变量的命名规则与标识符的命名规则相同，数据类型将在 3.3.2 节中详细介绍。在 VBA 中可以使用 Dim 语句来声明变量，语法格式如下：

Dim 变量名 [as 数据类型]

变量在声明的时候可以不指定数据类型，变量的声明可以放在程序的任何地方，但一定要在变量使用之前，一般变量的声明都集中放在程序的开头。每个变量都可以在单独的一行进行声明，也可以在同一行声明多个变量，声明时要用逗号将各变量隔开。例如：

Dim str as String	'定义一个字符串型变量 str
Dim a as integer,b as Boolean	'定义两个变量：整型变量 a，布尔型变量 b

3.3.2　VBA 基本数据类型

数据是程序处理的对象，VBA 将数据进行分类，不仅可以规范程序对数据的使用，还能让不同的数据存储空间对应合适的内存单元，节省存储空间。在 VBA 中有多种系统定义的数据类型，用户也可以根据需要定义自己的数据类型。

Excel 单元格可以保存的数据类型有数值型、日期/时间、文本、货币等，除了以上数据类型，VBA 还提供了字符串型、字节型、布尔型、变体型、枚举型等数据类型。

1．数值型

数值型数据用来存放由数字以及小数点、正负号组合而成的数据，可以分为整数和实数，由于数值的范围和精度，又各自分为不同的小类。

（1）整型。

整型用来存放整数，占用的存储空间为 16 位（2 字节），范围为–32 768～32 767。整型数据的运算速度快，占用内容小，是常用的数据类型。声明整型变量的关键字是 Integer 或%符号。

（2）长整型。

长整型与整型一样也是用来存放整数的，占用的存储空间为 32 位（4 字节），其范围为–2 147 483 648～2 147 483 647。声明长整型变量的关键字是 Long 或&符号。

（3）单精度浮点型。

单精度浮点型用来存放实数，小数点后最多有 7 位数字，占用的存储空间为 32 位（4 字节），通常以指数形式（科学计数法）表示，以"E"或者"e"来表示指数部分。它的范围为–3.402 823E38～3.402 823E38，如 4.18E5、1.32E-28。声明单精度浮点型变量的关键字是 Single或者!符号。

（4）双精度浮点型。

双精度浮点型也是用来存放实数的，小数点后最多有 15 位数字，占用的存储空间为 64位（8 字节），以指数形式（科学计数法）表示，以"D"或者"d"来表示指数部分。它的范围为–1.797 693 134 863 16D308～1.797 693 134 863 16D308，如–2.32D280、6.78D-159 等。声明双精度浮点型变量的关键字是 Double 或者#符号。

（5）货币型。

货币型是为财务数据而设置的，占用的存储空间为 64 位（8 字节），其小数点左边有 15 位数字，右边有 4 位数字。它的取值范围为–922 337 203 685 477.580 8～922 337 203 685 477.580 7。声明货币型变量的关键字为 Currency 或者@符号。

2. 字符串型

字符串型变量用于存放由若干字符组成的字符串，用双引号""作为定界符。VBA 的字符串分为两种，定长字符串与不定长字符串，定长字符串的长度是确定的，不定长字符串的长度是可变化的，如"VBA 程序设计""Microsoft Visual Basic"都是合法的字符串。声明字符串变量的关键字为 String。

3. 字节型

字节型数据的存储空间为 8 位（1 字节），主要用来存放 0～255 的整数，一般字节型数据用来存储二进制数据。声明字节型变量的关键字为 Char。

4. 布尔型

布尔型数据的存储空间为 16 位（2 字节），用来表示逻辑值的真或假。布尔型变量只有两个值"True""False"。声明布尔型变量的关键字为 Boolean。

布尔型数据与数值型数据之间的转换关系，把其他的数值型数据转为布尔型时，0 会转成 False，非 0 转成 True；布尔型数据转为数值型时，True 转为–1，False 转为 0。

5. 日期型

日期型数据的存储空间为 64 位（8 字节），用双引号""或者一对 ## 作为界定，处理日期和时间值。声明日期型变量的关键字为 Date，在系统函数中的 Date()和 Time()分别可以获取当前系统的日期和时间。

6. 变体型

变体型数据是所有没被显式声明（用 Dim 语句声明）的数据类型，声明变体型数据使用的关键字是 Variant 或者不给数据类型。

变体型是一种特殊的数据类型，在程序设计过程中，当赋给变体型数据不同类型的值时，变体型变量的类型会自动进行类型转换，一旦数据类型转换后将不再是变体型数据，也不能存放其他类型的数据。

7. 枚举型

当一个变量只有几种可取的值时，可以定义为枚举型。枚举就是将变量可取的值逐一列举出来，属于该枚举型的变量只能取列举值列表中的某一个值。枚举型的定义需要放在模块、窗体的声明部分，其语法格式如下。

```
Public/private Enum  类型名称
成员 [=常数表达式]
成员 [=常数表达式]
…
End Enum
```

在默认情况下，枚举中的第一个元素代表的常数为 0，其后的常数比前面一个大 1。例如，定义一个枚举型 WordDays 共包含 7 个成员，其中"星期日"表示常数 0，"星期四"表示常数

4，"星期六"表示常数 6。

```
Public Enum WorkDays
    星期日
    星期一
    星期二
    星期三
    星期四
    星期五
    星期六
End Enum
```

如果希望"星期日"表示常数 1，则可以按以下方式进行定义。

"星期四"表示常数 5，"星期六"表示常数 7。

枚举型在定义以后，就可以声明该枚举型的变量并使用。如在定义 WorkDays 之后，即可在代码窗口使用该类型，在给该类型变量进行赋值时，在代码窗口中将自动列出该枚举型的值列表，如图 3-25 所示。

图 3-25　列出枚举型的成员

3.3.3　运算符和表达式

运算符是介于操作数之间的符号，在 VBA 中提供了 4 种基本运算，包括算数运算、比较运算、逻辑运算和字符串连接运算。表达式由常量、变量、函数以及运算符组合而成。

1．算术运算符

计算机最基本的功能就是进行算术运算，VBA 提供的算术运算符如表 3-1 所示，表中按照算术运算符的优先级关系，由高到低地列出了每种运算符的名称和含义。

对于与除法有关的 3 种运算，被除数和除数可以是整数、浮点数及字节型数据，除法运算符的比较如表 3-2 所示。

表 3-1　算术运算符

算术运算符	名　称	说　明
（ ）	圆括号	其中的表达式先运算，优先级最高
^	指数运算符	2^3=8，连续两个^相邻应从左到右结合，2^3^2=64
-	求负运算符	单目运算符
*和/	乘法和除法运算符	两数相乘、相除
\	整除运算符	结果是相除后的整数部分
Mod	取模运算符	结果是相除后的余数部分
+ 和 -	加法和减法运算符	+也可以作为字符串连接符

表 3-2　除法运算符的比较

符　号	功　能	举　例
/	返回商数	23/5.8=3.965 5
\	返回商数中的整数部分，通常将被除数和除数的小数部分四舍五入后相除	23\5.8=3 23\5.2=4
Mod	返回商数中的余数部分，通常将被除数和除数的小数部分四舍五入后相除	23Mod5.8=5 23Mod5.2=3

2. 比较运算符

比较运算符用来表示两个或多个值或表达式之间的关系，它们的优先级相同，都是对左右两边的大小关系进行判断，如果正确，返回 True；如果错误，返回 False。比较运算符如表 3-3 所示。

表 3-3　比较运算符

>	>=	<	<=	=	<>
大于号	大于等于号	小于号	小于等于号	等于号	不等于号

比较运算符两边的操作数除了可以是数值型的数据（整数、浮点数、日期型、字节型和布尔型数据），还可以是字符串甚至变体型。若进行字符串比较，是将两个字符串的字符从左到右一一对应逐个比较。对字符的大小按其 ASCII 码的大小来决定，对字母来说，排在字母表前面的字母 ASCII 码值小于后面字母的 ASCII 码值，如大写字母的 ASCII 码值小于小写字母的 ASCII 码值。例如，"a"<"b"，"abf">"abc"，"Z"<"a"。

3. 逻辑运算符

逻辑运算符是指将表达式连接起来进行逻辑运算，其运算结果只有 True 和 False 两个。VBA 提供了 6 种逻辑运算符。

Not	And	Or	Xor	Eqv	Imp
求反	与	或	异或	等价	蕴含

每一种逻辑运算符都包含两层含义的运算，当操作数是逻辑值、关系表达式或逻辑表达式时，进行逻辑运算；当操作数是数值型数据时，进行位运算。逻辑运算符的运算规则如表 3-4 所示。

表 3-4   逻辑运算符的运算规则

X	Y	Not X	X And Y	X Or Y	X Xor Y	X Eqv Y	X Imp Y
True	True	False	True	True	False	True	True
True	False	False	False	True	True	False	False
False	True	True	False	True	True	False	True
False	False	True	False	False	False	True	True

4．字符串连接符

字符串连接符的作用是将两个以上的字符串连接起来，使其成为一个字符串。VBA 提供的连接符有两个："&""+"。

（1）&运算符。

"Visual" & "Basic" 的结果为"Visual Basic"
"Basic" & 2 的结果为"Basic2"
2 & 3 的结果为"23"

用以将左右两个表达式强制做字符串连接，如果表达式的结果不是字符串，则将其转换成字符串。

（2）+运算符。

加号运算符可以做算术中的加法，也可以在字符串运算中做字符串连接符，当加号两边都是字符串时才能进行字符串的连接运算。例如：

"Visual" + "Basic" 的结果为"Visual Basic"
"Basic" + 2 的结果将弹出"类型不匹配"的错误
2 + 3 的结果为 5（进行算术运算）

鉴于"+"的二义性，如果在做字符串连接运算时，建议使用"&"符号进行连接。

5．表达式

一个表达式是由操作数和运算符共同组成的。在表达式中作为运算对象的数据称为操作数，操作数可以是常量、变量、函数或另一个表达式。

Pay*0.8+200   算术表达式
Age > 25 and pay > 2000 逻辑表达式

使用不同的运算符将操作数连接起来可构成不同的表达式。

3.3.4 常用函数

VBA 提供了大量的内部函数供用户使用，其种类繁多，功能多样。内部函数的使用方法与自定义函数的使用相同，在需要使用时提供正确的函数名称和参数列表，调用后函数将结果返回，再对结果进行其他处理。内部函数的使用，提高了编程的能力和效率，下面将介绍在VBA 中一些常用的函数。

1．字符串处理函数

（1）Split。

格式：Split(expression[, delimiter[, limit[, compare]]])

功能：返回一个下标从零开始的一维数组，它包含指定数目的子字符串。

说明：expression，必需的，包含子字符串和分隔符的字符串表达式。如果 expression 是一个长度为零的字符串(" ")，则 Split 返回一个空数组，即没有元素和数据的数组。delimiter，可选的，用于标识子字符串边界的字符串字符。如果忽略，则使用空格字符(" ")作为分隔符。如果 delimiter 是一个长度为零的字符串，则返回的数组仅包含一个元素，即完整的 expression字符串。limit，可选的，要返回的子字符串数，–1 表示返回所有的子字符串。compare，可选的，数字值，表示判别子字符串时使用的比较方式。 例如：

```
Dim arr,brr,s,m,n,y
s="abc,d,e,f,g"
arr=Split(s, ",")              结果是一个包含 5 个项的一维数组
m=Split(s, ",")(0)            令 m 为数据的第 1 项，为 abc
brr=Split(s, ",",2)           将 s 以逗号分为 2 项，brr(0)=abc,brr(1)= "d,e,f,g"
n= Split(s, ",",2)(0)         令 n=abc
y= Split(s, ",",2)(1)         令 y="d,e,f,g"
```

（2）InStr。

格式：InStr([起始位置,] <字符串表达式 1>, <字符串表达式 2>)

功能：返回指定字符串在另一字符串中最先出现的位置。

说明：<起始位置>表示从<字符串表达式1>中第几个字符开始，查找<字符串表达式 2>在<字符串表达式 1>中第一次出现的位置，如果找到，返回<字符串表达式 2>中第一个字符在<字符串表达式 1>中的位置编号；如果在指定范围内没有找到<字符串表达式 2>，则返回 0。例如：

InStr (1,"abcdefg","de")返回 4，InStr (4,"abcdefg","bc")返回 0。

（3）Mid。

格式：Mid(<字符串表达式>, <起始位置>[,长度])

功能：返回字符串中指定起始位置和个数的子串。

说明：<起始位置>表示从字符串中取出子串的起始字符位置，如果其值超过字符串长度，返回零长度字符串(" ")。可选项[长度]表示从起始位置开始要返回的字符数。如果默认或长度值超过字符串的字符数，则返回字符串中从起始位置到串尾的所有字符。例如：

Mid("abcdef",3,2)返回字符串"cd"，Mid("abcdef",2,3)返回字符串"bcd"。

（4）Left。

格式：Left(<字符串表达式>, <长度表达式>)

功能：返回某字符串的子串，该子串是由字符串左边的第一个字符算起到指定个数的字符组成。

说明：长度表达式是数值表达式，是指从字符串左边的第一个字符算起返回多少个字符。如果为 0，返回空字符串(" ")。如果其值大于或等于字符串参数的字符数，则返回整个字符串。例如：

Left("abcdef",3)返回字符串"abc"，Left("abcdef",10)返回字符串"abcdef"。

（5）Right。

格式：Right(<字符串表达式>, <长度表达式>)

功能：返回某字符串的子串，该子串是由字符串右边的最后一个字符算起往左数到指定个数的字符组成。

说明：长度表达式为数值表达式，是指要返回多少个字符，返回串从最后一个字符往左算起。如果为 0，返回零长度字符串(" ")。如果其值大于或等于字符串参数的字符数，则返回整个字符串。例如：

Right ("abcdef",3)，返回字符串"def"，Right ("abcdef",10)返回字符串"abcdef"。

2．日期时间函数

（1）Date。

格式：Date()

功能：返回当前系统的日期。

（2）Time。

格式：Time()

功能：返回当前系统的时间。

（3）Now。

格式：Now()

功能：返回计算机系统日期和时间。

（4）Year。

格式：Year(<日期表达式>)

功能：返回日期表达式中表示年份的整数。

（5）Month。

格式：Month(<日期表达式>)

功能：返回日期表达式中表示月份的整数，其值为 1～12。

（6）Day。

格式：Day(<日期表达式>)

功能：返回日期表达式中表示日期的整数，其值为 1～31。

（7）Hour。

格式：Hour(<时间表达式>)

功能：返回时间表达式中表示一天中某一钟点的整数，其值为 0～23。

（8）Minute。

格式：Minute(<时间表达式>)

功能：返回时间表达式中表示分钟的整数，其值为 0～59。

3．其他函数

（1）Dir。

格式：Dir(pathName,attributes)

功能：根据指定的字符串表达式（pathName）和文件属性返回文件或文件夹名。

说明：pathName，可选参数，一个字符串表达式，代表指定的文件路径，可以包含通配符"*"和"？"；attributes，可选参数，代表文件的属性，是 VBA 里的常数，可以选择一个常数或几个常数的和。

（2）Sum。

格式：Sum(number1,number2,…)

功能：返回某一单元格区域中所有数字之和。

说明：参数 number1,number2,...为需要求和的数值（包括逻辑值及文档表达式）、区域或引用。参数表中的数字、逻辑值及数字的文本表达式可以参与计算，其中逻辑值被转换为 1，文本被转换为数字。如果参数为数组或引用，只有其中的数字将被计算，数组或引用中的空白单元格、逻辑值、文本或错误值将被忽略。

例如，如果 A1=1，A2=2，A3=3，则公式"=sum(A1:A3)"返回 6；公式"=sum("3",2,True)"返回 6，因为"3"被转换成数字 3，而逻辑值 True 被转换成数字 1。

（3）Average。

格式：Average (number1,number2,…)

功能：返回所有参数的算术平均值。

说明：参数 number1,number2,...为需要计算平均值的参数。

（4）CountIf。

格式：CountIf (range, criteria)

功能：统计某一区域中符合条件的单元格数量。

说明：range 为需要统计的符合条件单元格数目的区域；criteria 为参与计算的单元格条件，其形式可以为数字、表达式或文本。其中数字可以直接写入，表达式和文本必须加引号。

例如，假设 A1:A5 区域内存放的文本分别为女、男、女、男、女，则公式"=CountIf(A1:A5, "女")"返回 3。

3.3.5　VBA 常用语句

在 VBA 程序中，语句是程序的主要部分，或者说是程序的主体部分，每个语句以回车键结束。本节将介绍 VBA 的几个常用语句。

1. 赋值语句

赋值语句是 VBA 中使用最多的语句，其作用是对表达式进行计算，并将运算结果赋给左侧的变量或属性。其语法格式如下。

```
[Let] varname=expression
```

一般 Let 关键字都被省略掉；varname 是变量的名称或属性，必须遵循标识符的命名规则。expression 为赋给变量或属性的值，可以为一个表达式或者一个常量。

只有当表达式与变量的数据类型相同时，该表达式的值才可以赋给变量或属性，不能将字符串表达式的值赋给数值变量，也不能将数值表达式的值赋给字符串变量，否则就会出现编译错误。

```
Dim myStr, myInt
```

myStr="Hello world"	字符串变量的赋值
myINt=5	数值型变量的赋值
command1.visible=ture	属性的赋值

2. 退出语句

退出语句有两种，一种是退出正在执行的 VBA 代码，返回到 VBE 编辑环境中；另一种是退出 Excel 系统。

（1）End 语句。

使用 End 语句可以结束正在运行的程序，返回到 VBE 环境中。End 语句是一种强迫终止程序的方法。VBA 程序正常结束应该卸载所有的窗体，只要没有其他程序引用该程序公共类模块创建的对象并且无代码执行，程序将立即关闭。

（2）Quit 方法。

使用 Application 对象的 Quit 方法，将退出 Excel。在使用此方法时，如果打开的工作簿处在未保存状态，Excel 会弹出一个对话框，询问是否要保存。

3. 数据输入——InputBox 函数

计算机程序在执行过程中，通常会遇到需要输入数据的部分，常用的输入方式有 InputBox 函数、文本框、列表框等。在这里介绍 InputBox 函数。

InputBox 函数将打开一个对话框作为输入数据的界面，等待用户输入数据后将数据返回给处理程序进行处理。其语法格式如下。

InputBox(<提示信息>[,<对话框标题>][,<输入区的默认值>][,<对话框坐标>])

该函数的返回值默认为字符串，如果要把返回值进行其他类型的处理，需事先声明返回值的类型，对返回的字符串进行类型转换。一个 InputBox 函数只接受一个值的输入。

参数含义

- <提示信息>：必选项。提示用户在输入框中输入信息，长度不能超过 1 024 字节。
- <对话框标题>：在对话框的标题栏显示的标题信息，如果默认，则标题为"工程 1"。
- <输入区的默认值>：指用户在输入框输入信息之前在其中显示的内容。无论是否输入新的信息，单击【确定】按钮后，返回输入框的当前值；单击【取消】按钮，则返回长度为零的字符串。
- <对话框坐标>：确定对话框的位置，分别表示对话框的左上角到屏幕左边界和上边界的距离，必须成对出现。例如，在 VBE 中输入以下代码。

```
Sub InputBox 函数()
    Dim prompt As String
    Dim title As String
    Dim default As String
    Dim re As String
    prompt = "请输入用户姓名"
    title = "输入对话框"
```

```
    default = "王五"
    re = InputBox(prompt, title, default)
    Debug.Print re
End Sub
```

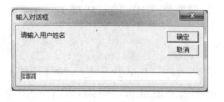

图 3-26　InputBox 函数对话框

运行代码后，显示如图 3-26 所示的对话框。

4．数据输出——print 方法

在 Visual Basic 中，数据的输出主要通过 print 方法，但是在 VBA 中，用户窗体不支持 print 方法，print 方法主要用来向"立即窗口"输出程序的调试信息。Print 方法的语法格式如下。

Object.Print [outputlist]

在 VBA 中，object 只能为 Debug，表示在"立即窗口"输出内容；参数 outputlist 是要打印的表达式或表达式的列表，如果省略，则打印一个空白行。

print 在打印之前要计算表达式的值，然后输出计算结果。在 outputlist 参数中还可以使用分隔符以格式化输出数据。分隔符有以下几种。

- Spc(n)：插入 n 个空格到输出数据之间。
- Tab(n)：光标移动到第 n 个位置，n 是以最左侧为起点的绝对位置。
- 分号：表示前后两个数据项连在一起输出。
- 逗号：将一行以 14 个字符作为一个输出区，每个数据输出到对应的输出区。

5．数据输出——MsgBox 函数

使用 MsgBox 函数可以打开一个对话框，用户根据对话框的提示信息进行选择，程序根据用户的选择继续执行。MsgBox 有函数和语句两种格式。

MsgBox 函数的语法格式：

Choice=MsgBox(<提示信息> [, <对话框类型>][,<对话框标题>])

MsgBox 语句的语法格式：

MsgBox　<提示信息> [, <对话框类型>][, <对话框标题>]

两者的区别为 MsgBox 函数有返回值，程序根据用户的选择而做不同的操作；MsgBox 语句没有返回值，通常适合用来显示较简单的信息，两者的参数含义是一样的。

参数含义

- <提示信息>：必选项。提示用户在输入框中输入信息，长度不能超过 1 024 字节。
- <对话框标题>：在对话框标题栏显示的标题信息。
- <对话框类型>：为整数或符号常量，用于指定对话框中出现的控制按钮、图标的种类、数量，一般有 3 个参数，用"＋"相连，参数的取值可以是数字形式和符号常量形式。如果默认某个参数，不能省略逗号，要以逗号标识是哪个默认；第 1 个参数表示对消息

框中按钮组合的选择；第 2 个参数表示对消息框中显示图标的选择，第 3 个参数表示对消息框中默认按钮的选择。参数的取值和含义分别如表 3-5、表 3-6 和表 3-7 所示。

表 3-5　第 1 个参数——按钮类型

取　值	符 号 常 量	意　义
0	VbOkOnly	"确定"按钮
1	VbOkCancel	"确定""取消"按钮
2	vbAbortRetryIgnore	"终止""重试""忽略"按钮
3	VbYesNoCancel	"是""否""取消"按钮
4	VbYesNo	"是""否"按钮
5	VbRetryCancel	"重试""取消"按钮

表 3-6　第 2 个参数——图标类型

取　值	符 号 常 量	意　义
16	VbCritical	停止图标
32	VbQuestion	问号图标
48	VbExclamation	感叹号图标
64	VbInformation	消息图标

表 3-7　第 3 个参数——默认按钮

取　值	符 号 常 量	意　义
0	VbDefaultButton1	默认按钮为第 1 个按钮
256	VbDefaultButton2	默认按钮为第 2 个按钮
512	VbDefaultButton3	默认按钮为第 3 个按钮

MsgBox 函数的返回值反映了用户选择的按钮，返回值与按钮类型的对应情况如表 3-8 所示。

表 3-8　返回值与按钮类型的对应情况

取　值	符 号 常 量	意　义
1	VbOk	"确定"按钮
2	VbCancel	"取消"按钮
3	VbAbort	"终止"按钮
4	VbRetry	"重试"按钮
5	VbIgnore	"忽略"按钮
6	VbYes	"是"按钮
7	VbNo	"否"按钮

例如，在 VBE 中输入如下代码：

```
Sub MsgBox 函数()
    choice = MsgBox("数据已经修改，是否保存？", _
    vbYesNoCancel + vbQuestion + vbDefaultButton1, "提示")
    If choice = vbYes Then
        MsgBox  "正在保存…"
```

```
        Else
            If choice = vbNo Then
                MsgBox "不保存退出"
            End If
        End If
End Sub
```

程序运行后弹出如图 3-27 所示对话框，单击【是】按钮，弹出如图 3-28 所示对话框。

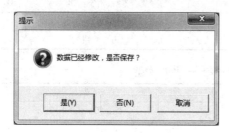

图 3-27　MsgBox 函数获取用户选择

图 3-28　MsgBox 语句

3.4　控制程序的基本结构

程序是代码的有序序列，在程序运行过程中，有时需要按一定的顺序执行，有时需要选择某一部分代码执行，有时需要反复执行某一段代码，这些都是通过程序结构控制来完成的。

3.4.1　程序结构概述

各种编程语言都提供了若干基本的控制结构，每一种控制结构的程序执行流向有所不同。可以把程序看成由若干个基本控制结构组成的实体，每一个基本结构又包含一个或多个语句，能够控制局部范围内的程序流向，那么若干个控制结构组合起来就会促使程序的流程向着完成其功能的方向发展。结构化程序设计的控制结构有三种：顺序结构、选择结构和循环结构。

顺序结构：按照代码的顺序从上到下、逐条语句执行。在执行时，排在前面的代码先执行，排在后面的代码后执行，执行过程没有任何分支。顺序结构是最普通的结构。

选择结构（分支结构）：根据"条件判断"选择执行哪一段代码，选择结构包括二分支结构、多分支结构以及分支的嵌套。

循环结构：重复性地去执行一段代码就需要用到循环结构。在循环结构中包括循环条件、循环体和循环变量的改变。每次循环时先判断条件是否正确，正确则重复执行代码段，执行完成后按一定的规律改变循环变量，再判断条件，如此反复。

3.4.2　分支结构

在编程过程中，常常需要对条件进行判断，根据判断的结果执行不同的操作。在 VBA 中对于选择这种情况可以用分支结构来实现。根据语句的格式和分支的情况不同，分支语句有以下几种表现形式。

1. If···Then 语句

分支结构最简单的语句是 If···Then 语句，用 If···Then 结构可以执行一个或多个语句，它有两种语法形式。

（1）单行结构条件语句。

单行结构条件语句的语法格式为：

> If 条件表达式 Then 语句

单行结构条件语句把条件和动作描述都集中在一行中，条件表达式计算出来的结果是一个布尔值，True 或 False。该语句的功能为，若条件表达式的值为 True，则执行 Then 后的语句；若条件表达式的值为 False，则什么都不做，而去执行下一条语句，其流程如图 3-29 所示。

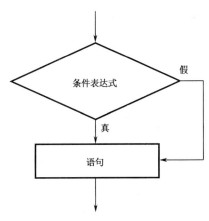

图 3-29　If···Then 语句流程

例如，要删除工作表中的空行，首先判断当前单元格是否为空，如果为空，则删除当前单元格所在的行，如果不为空，则什么也不做。

> If ActiveCell=" "　Then Selection.EntireRow.Delete

（2）块结构条件语句。

在 If···Then 语句中，如果条件表达式的值为真时，需要执行的步骤比较多，就不适合用单行结构条件语句，这时可以用块结构条件语句，使执行多行代码的过程更清晰，其语法格式为。

> If 条件表达式 Then
> 　　语句 1
> 　　语句 2
> 　　…
> End if

块结构条件语句与单行结构条件语句的功能相同，唯一的区别在于单行结构条件语句中没有"End If"语句，而块结构条件语句中必须用"End If"语句结尾，否则程序在编译时会报错。

2. If…Then…Else 语句

在 If…Then 语句中，当条件表达式为 False 时，不执行任何语句。若要求在条件为 False 时执行另一段代码，可以用 If…Then…Else 语句，其语法格式为：

```
If 条件表达式 Then
    语句段 1
    Else
    语句段 2
End if
```

在 If…Then…Else 语句中，如果条件表达式为 True，则执行"语句段 1"中的代码，若条件表达式为 False，则执行"语句段 2"中的代码，其流程如图 3-30 所示。

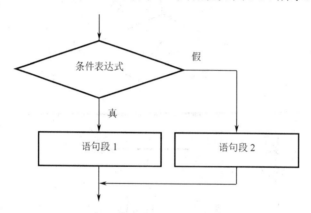

图 3-30　If…Then…Else 语句流程

例如，判断单元格"A1"的值，如果为空，则将单元格中写入数据 10，如果不为空，则在单元格的数据上增加 10。

```
If IsEmpty(Range("A1")) Then
    Range("A1")=10
    Else
    Range("A1")= Range("A1")+10
End if
```

3. If…Then…ElseIf 语句

在很多情况下，可能需要判断的条件不止两个，这时就要用到多分支结构。If…Then…ElseIf 语句可以对多个不同的条件进行判断，并在多个分支中选择一个分支去执行，其语法格式如下：

```
If 条件表达式 1 Then
        程序段 1
```

```
    ElseIf 条件表达式 2 Then
        程序段 2
    ElseIf 条件表达式 3 Then
        程序段 3
    …
    Else
        程序段 n+1
End if
```

在 If…Then…ElseIf 语句中，ElseIf 子句可以有任意多个，Else 语句在所有 ElseIf 子句之后。VBA 先判断条件表达式 1，如果条件为 True 则执行程序段 1，如果条件为 False，再去判断条件表达式 2，以此类推。当找到一个条件为 True 的条件，就会执行相应的程序段，然后退出 If 语句，如果 n 个条件都是 False，且包含 Else 语句，则执行 Else 后的程序段的内容，其流程如图 3-31 所示。

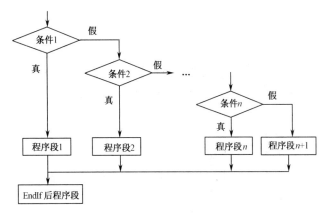

图 3-31 If…Then…ElseIf 语句流程

```
    If Range("职务") = "总经理" Then
        curPay = 1000
    ElseIf Range("职务") = "副总经理" Then
        curPay = 900
    ElseIf Range("职务") = "厂长" Then
        curPay = 800
    ElseIf Range("职务") = "副厂长" Then
        curPay = 700
    ElseIf Range("职务") = "部门主任" Then
        curPay = 500
    Else
        curPay = 0
    End If
```

对企业员工的职务进行判断，根据不同的职务返回不同的工资标准。

4．Select Case 语句

Select Case 语句的功能与 If…Then…ElseIf 语句的功能是一样的，可以实现多分支结构的选择。Select Case 语句在结构的开始处理一个表达式并计算一次，然后，VBA 将表达式的值与每个 Case 的值进行比较，如果相等，则执行该 Case 后的程序段，执行完毕就退出 Select Case 语句，其语法格式如下。

```
Select Case  条件表达式
    Case  表达式列表 1
        程序段 1
    Case  表达式列表 2
        程序段 2
    …
    Case Else
        程序段 n+1
End Select
```

代码解释

在 Select Case 语句中，条件表达式必须是数值表达式或者字符串表达式，其值为数字或者字符串。与此对应，Case 子句后面列表中值的类型也必须与表达式结果的类型一致。列表有以下 4 种形式。

- 只含一个值，如 Case 5。
- 含多个值，用逗号相隔，如 Case 5,6,7。
- 以<下界>To<上界>的形式描述一个范围，只要表达式的值在这个范围之内，也算匹配，如 Case 5 to 10。注意，<下界>的值应该小于<上界>的值。
- Case 子句后还可以使用"Is <关系表达式>"，Is 后面可以跟关系运算符，包括<、<=、>、>=、<>、=等关系运算符，表示把 Select Case 后的表达式之值与 Is 表达式后的值进行指定关系运算，如 Is >10，表示当 Select Case 后表达式之值大于 10 时，将进入该分支执行。注意，Is 后面只能与一个关系运算符结合，不能出现多个关系运算符，例如，Is >0 And <100 是非法的表达形式。

进入 Select Case 语句后，先计算<条件表达式>的值，然后将该值与第 1 个 Case 子句后的<表达式列表 1>中的值比较，不相等则再往下比较，如果与某一个 Case 子句中列表的值相等，那么就执行该子句下的程序段，执行完毕后跳出 Select Case 语句子句，而不管下面的 Case 子句中是否还有匹配的值。如果 Case Else 子句不省略，表示当表达式的值与所有 Case 子句后面列表中的值都不匹配，即条件都不满足时，就会进入 Case Else 子句后的程序段执行，最后跳出 Select Case 语句。Select Case 语句流程图与 If…Then…ElseIf 语句的流程图类似，就不再给出。

例如，将 If…Then…ElseIf 语句中的例子用 Select Case 语句来实现，程序如下。

```
Select Case Range("职务") = "总经理" Then
    Case "总经理"
        curPay = 1000
```

```
        Case "副总经理"
            curPay = 900
        Case "厂长"
            curPay = 800
        Case "副厂长"
            curPay = 700
        Case "部门主任"
            curPay = 500
        Case Else
            curPay = 0
    End Select
```

5. 分支结构的嵌套

在一个分支结构中还可以包含另一个分支结构，这称为分支结构的嵌套。

例如，判断 3 个数中的最大值，可以用下面的嵌套语句来实现。

```
If a > b Then
    If a > c Then
        max = a
    Elsc
        max = c
    End If
Else
    If b > c Then
        max = b
    Else
        max = c
    End If
End If
```

在对 If 语句嵌套的表达中，最好采用分层递进的书写方式，即同一层的 If…Then…Else…End If 应该从同一列开始输入，其内部两个分支的程序段各往右缩进几个字符，这样便于做到层次清晰，对应正确，增加程序的可读性。

6. IIF 函数

IIF 函数可以用来执行简单的条件判断，它是 If…Then…Else 语句的简单版本，其语法格式如下。

Result=IIF(条件表达式,表达式 1,表达式 2)

Result 保存函数的返回值，"条件表达式"为判断的条件，当条件为 True 时，函数返回"表达式 1"。当条件为 False 时，函数返回"表达式 2"。

例如，有以下 If…Then…Else 语句。

```
If a > 10 Then
        b = 1
        Else
        b = 2
End if
```

可以改写为 IIF 函数为：

```
b = IIF(a > 10,1,2)
```

3.4.3 循环结构

在需要进行条件判断时，可以使用分支语句去选择性地执行某一段代码。然而，在实际需要中，有时需要反复执行某些操作，这时就可以用循环结构来解决。VBA 提供了多种循环结构控制语句，在本节将进行详细介绍。

1．For…Next 循环

For…Next 循环是指定次数来重复执行循环体，在 For 循环中有一个叫计数器的变量，每重复一次循环后，计数器的值就会增加或减少，直到计算器的值不在指定范围就结束循环，For 循环的语法格式如下。

```
For  循环变量=初值  To  终值  [Step<步长>]
        循环体
Next  循环变量
```

代码解释

For…Next 语句设置一个循环变量控制循环体重复执行的次数，其中的初值是刚进入该循环语句时赋给循环变量的初值，终值决定循环条件，当循环变量的值在终值界定的范围之内，继续循环。一旦超出，则退出循环。

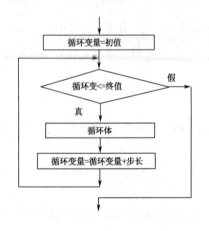

图 3-32 For…Next 语句循环流程

可选项[Step <步长>]中的步长，是指在每一次循环之后对循环变量的修改值。如果该值是正数，表示增加其值；如果是负数，表示减小其值；如果省略，系统默认步长为 1，表示每一次循环完成后对循环变量进行加 1 的修改。

初值、终值、步长这 3 个值不管是常量、变量，还是表达式，必须代表一个确定的值。这三者有一定的联系，当步长为正数时，初值应小于或等于终值，循环条件为"循环变量<=终值"；当步长为负数时，初值应大于终值，循环条件为"循环变量>=终值"。同时，与 For 呼应的 Next 不能省略，二者结合起到一个循环体括号的作用，如图 3-32 所示。

通过对循环变量初值、终值和步长的确定，For 循环可以计算出循环体的执行次数，计算公式如下。

```
循环次数 = [(终值-初值)/步长] + 1
```

[ ]表示取整，当步长为负数时，后面的加 1 改为减 1 即可。

例如，在工作表"Sheet1"的前 200 行中，如果第 2 列单元的值为 0，则删除所在行，可以使用 For…Next 语句来实现，代码如下：

```
Sub For 循环()
    Dim i As Integer
    With Sheets("Sheet1")
        For i = 1 To 200
            If.Cells(i,2) = 0 Then
                .Cells(i,2).EntireRow.Delete
            End If
        Next
    End With
End Sub
```

2. While…Wend 循环

```
While  循环条件表达式
    循环体
Wend
```

While…Wend 循环语句与 For 循环语句功能相同。

While…Wend 循环在进入循环之前，先判断循环条件，如果条件为 True，则执行循环体，循环体执行完成再次判断循环条件，如果条件为 False，则退出 While 循环。

For 型循环和 While 型循环可以相互转换、取代。如果把 For 型循环改写成 While 型循环，则 For 型循环语句中对循环变量的初值、终值和步长的设定分别出现在 While 型循环的以下位置：

```
循环变量=初值
While  循环变量 <= 终值
    循环体
    循环变量=循环变量+步长
Wend
```

当步长为负数时，循环条件可改成"<循环变量> >= <终值>"。

例如，用 While 循环语句来实现的代码如下：

```
Sub While 循环()
    Dim i As Integer
```

```
    With Sheets("Sheet1")
         i=1
        While I <= 20
If .Cells(i,2) = 0 Then
              .Cells(i,2).EntireRow.Delete
          End If
         i=i+1
        Wend
    End With
End Sub
```

3. Do 型循环

Do 循环有 4 种表现形式，语法格式如下：

```
Do <While|Until> 循环条件表达式
     循环体
Loop
Do
     循环体
Loop <While|Until> 循环条件表达式
```

以上两种格式的区别在于判断循环条件的时间不同，第一种 Do 循环是在执行循环体之前
先进行判断，条件成立才进入循环体的执行。如果第一次判断条件就不成立，则不会进入循环，
这样，可能出现循环体一次都不被执行的情况；第二种 Do 循环是先执行一次循环体后判断循
环条件，当条件正确再进入循环体。因此在第一次执行循环体时是直接进入而不需要条件判
断，执行完后再进行循环条件的判断以决定是否进行下一次循环，这样，循环体至少要被执行
一次。这是两者的唯一区别。

While 和 Until 都是引导循环条件表达式的，两者的区别在于 While 属于"当型循环"，与
循环条件相结合表示当循环条件成立，条件表达式的值为 True，才进行循环体的执行；Until
属于"直到型循环"，与循环条件结合表示直到条件成立时才退出循环，相当于在条件不成立
时进行循环，一旦条件成立，则退出循环。While 引出继续循环的条件，而 Until 引出退出循
环的条件。

例如，利用 Do 型循环语句编写程序，计算 1+2+3+4+5+…+99+100 的值。

用 Do While…Loop 循环语句实现代码如下：

```
i=1
sum=0
Do While i<=100
     sum=sum+i
     i=i+1
     Loop While i<=100
```

如果改为 Do…Loop While 循环语句则实现代码如下：

```
i=1
Sum=0
Do
        sum=sum+i
                i=i+1
Loop
```

如果用 Until 描述条件，则其后的条件是退出循环的条件。因此 While 后的循环条件是 i <= 100，所以 Until 后的退出循环的条件应该改为 i > 100，程序如下：

```
i=1
sum=0
Do Until i > 100
        sum= sum + i
                i=i+1
Loop
```

或是将条件写在 Loop 后面，程序如下：

```
i=1
sum=0
Do
        sum=sum+i
                i=i+1
Loop Until i > 100
```

在以上 4 个程序中，要注意 While 和 Until 引导的循环条件不同，循环条件的位置是放在进循环体之前或是出循环时再判断，效果是一样的。但是在某些程序上，循环条件位置不同会导致运行的结果不同，如当第一次测试循环条件就为 False 时，循环条件在前，循环体一次都不执行就推出循环，而循环条件在后，循环体还要执行一次才能推出循环。

4．Goto 型循环

Goto 语句严格来讲并不能算是循环语句，但可以实现程序的跳转功能，所以一般将其作为循环语句来对待，Goto 语句的语法格式如下：

```
Goto 行号/标号
```

要使用 Goto 语句，就需要给 VBA 程序中的语句添加标号，标号是以英文字母开头的一个标识符后加一个冒号构成，在程序代码中标号在程序的最左侧，这样 Goto 语句才知道要跳转到哪条语句。

例如，在 For…Next 循环语句中的例子，使用 Goto 语句代码如下：

```
Sub Goto 语句()
```

```
        Dim i As Integer
        i=1
a:
        With Sheets("Sheet1")
        If .Cells(i, 2) = 0 Then
                .Cells(i, 2).EntireRow.Delete
            End If
            i=i+1
            if i <= 100 Then Goto a
        End With
    End Sub
```

但 Goto 语句在多层循环中会导致跳转结构的混乱，程序的可读性也较差，所以一般情况不适用 Goto 语句。

5. 循环的嵌套

与分支结构类似，循环结构可以进行嵌套，即将一个循环放在另一个循环中，VBA 允许在一个循环中嵌套多种类型的循环。在写循环的嵌套时要注意语句的完成，每个循环语句要前后呼应，不能漏掉；写多层嵌套时要注意分清层次，不能出现相互交叉的情况，即内层的控制语句一定要包含在完成的控制语句中，在编写程序时最好采用分层递进的方法，使程序的结构更清楚，更容易读懂。

例如，编写九九乘法表就用到了循环的嵌套，其代码如下：

```
Private Sub CommandButton1_Click()
    Dim i, j As Integer
    Dim str As String
    For i = 1 To 9                              '外循环
        For j = 1 To i                          '内循环
            str = str & i & "*" & j & "=" & i * j & "    "
        Next j                                  '内循环结束
        str = str & vbCrLf
    Next i                                      '外循环结束
    MsgBox str, , "九九乘法表"
End Sub
```

分析嵌套循环时，要从最内层的循环开始分析，在上述代码中，内循环生成一行数据，是用来生成九九乘法表中的一行，该循环被外循环执行 9 次，即可得到 9 行数据，也就得到了需要的乘法表，如图 3-33 所示。

6. Exit 语句

Exit 语句的作用是在循环体执行过程中强制终止循环，退出循环结构。Exit 语句在使用时根据不同的循环语句有不同的表现形式，在 For 循环中，为 Exit For；在 While 循环中，为 Exit While；在 Do 循环中，为 Exit Do。Exit 语句常用于在循环过程中因为一个特殊的条件而退出循环，往往与 If 结合使用，如图 3-34 所示。

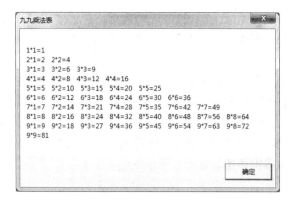

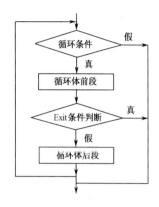

图 3-33　打印出的九九乘法表　　　　图 3-34　Exit 语句在循环中的流程

例如，在要求用户输入密码时，一般都要给用户三次机会，每次输入和判断的过程是相同的，这时可以使用循环语句。当用户密码输入正确时，就不需要继续循环，用 Exit 语句退出循环。用 Do 循环实现代码如下：

```
Sub  验证用户密码()
Dim strP As String                              '保存密码
Dim i As Integer                                '输入密码的次数
Do
    strP = InputBox("请输入密码!")              '输入密码
    If strP = "wyh" Then                        '判断密码是否正确
        Exit Do                                 '退出循环
    Else
        MsgBox ("请输入正确的密码!")
    End If
    i = i + 1
Loop While i < 3
If i >= 3 Then                                  '超过正常输入密码次数
    MsgBox ("输入的错误密码已超过三次，请稍后再登录!")
Else
    MsgBox ("欢迎登录本系统!")
End If
End Sub
```

3.5　特殊的变量——数组

在 VBA 中，对于大量的数据还可以用数组来访问，本节主要介绍数组的定义和对数组的操作。

3.5.1　数组简介

在程序设计中，如果需要处理的数据类型相同但数量很大，为每个数据定义一个变量名是非常复杂的事情，这时可以使用数组对其进行存储和处理。数组是一组具有有序下标的数据形成的集合，可以用统一的名称和确定的下标引用数组中的每一个数据。在很多程序设计语言中，一个数组的所有元素都必须是同样的数据类型，但在 VBA 中，数组的各个元素可以是不同的数据类型。

在 VBA 中，数组的一般形式为 A(n)。其中，A 是数组名称，其命名规则和变量的命名规则相同；n 代表下标，一个数组可以有若干个下标，下标的个数代表数组的维数，多个维数之间用逗号隔开。例如，有一个下标的是一维数组；有两个下标的是二维数组；有三个下标的是三维数组……在 VBA 中数组最大可以达到六十维，但超过三维的数组是非常难以理解的，所以常用的数组就是一维数组、二维数组和三维数组。

3.5.2 声明数组

在计算机中数组需要占用一片连续的内存空间，因此在使用之前，必须对数组进行定义，让系统为其分配一个连续的内存空间，才能够使用数组。

1．一维数组的声明

声明数组的方式和声明变量的方式是一样的，使用 Dim 语句，在声明数组时如果指定数组的大小，这种数组叫作静态数组；在声明时如果不指定数组的大小，则是一个动态数组。

声明静态数组的第一种语法格式为：

Dim 数组名(上界) as 数据类型

在这种数组的声明中，没有给数组下标的下界，这时默认的下界为 0，即数组的下标是从 0 开始，到定义的上界。例如：

Dim a(10) as Integer

这句声明定义了一个数组名为 a 的数组，它的下标从 0 开始，到 10 结束，所以 a 数组中共有 11 个元素。如果希望数组的下标从 1 开始，可以通过 Option Base 1 语句来设置或者使用声明数组的第二种语法格式。例如：

Option Base 1
Dim a(10) as Integer

在执行了 Option Base 1 语句之后，数组 a 的下标就是从 1 开始，到 10 结束，可以存放 10 个元素。

声明静态数组的第二种语法格式为：

Dim 数组名(下界 to 上界) as 数据类型

这种格式定义的数组可以根据需要规定数组下标的下界和上界。例如：

Dim b(-1 to 6) as Integer

定义的数组 b 的下标从 -1 开始，到 6 结束，可以存放 8 个元素。

在以上数组的定义中，规定了数据类型，这意味着数组中的元素只能是同样的数据类型，但前面讲过在 VBA 中允许在一个数组里存放不同数据类型的元素，在声明数组的时候就不指定数据类型或者将数据类型指定为 Variant 即可。例如：

```
Dim arr1(5)
Dim arr2(6) as Variant
```

在上面声明的两个数组 arr1 和 arr2 中，就可以存放不同的数据类型。

2．二维数组的声明

二维数组的定义方式与一维数组类似，不同的是需要设置两个下标，分别代表二维数组中第 1 维和第 2 维的长度，其语法格式如下：

```
Dim 数组名(第 1 维上界,第 2 维上界) as 数据类型
```

或者

```
Dim 数组名(第 1 维下界 to 上界,第 2 维下界 to 上界) as 数据类型
```

与一维数组一样，如果省略下界，默认下标从 0 开始，如果使用了 Option Base 1 语句，每一维的下标都是从 1 开始。例如：

```
Dim c(1 to 8, 6) as Integer
Dim d(9,9,9) as double
```

数组 c 是一个二维数组，第 1 维的下标为 1～8，第 2 维的下标为 0～6，所以二维数组 c 可以存放 8*7=56 个元素，并以一个 8 行 7 列的矩阵的形式存放；数组 d 是一个三维数组，每一维的下标为 0～9，所以三维数组 d 可以存放 10*10*10，即 1000 个元素。

3．动态数组的声明

在声明数组时，有可能遇到无法确定数组上下界，或者数组的存储空间需要不断变化的情况，这时就需要声明动态数组。同静态数组不同，动态数组在声明时不需要指定上下界，声明动态数组的语法格式如下：

```
Dim 数组名() as 数据类型
```

动态数组存储数据的个数可以灵活变动，但是如果确定了数据个数，就需要对数组的上下界进行重新声明，并重新分配存储单元，使用 Redim 语句，其语法格式如下：

```
Redim [Preserve] 动态数组名 ([下界 to] 上界)
```

代码解释

执行 Redim 语句后，数组的大小以及内存空间都重新被声明，原来存储在数组中的数据就将全部丢失，如果希望保留原数据，则需要加上 Preserve 关键字，这样新增的数据就会排在原数据的后面。使用 Redim 语句可以改变数组的大小，但不能改变数组的数据类型。

例如，声明一个动态数组，由用户输入一个数值确定数组的下标，然后要求用户输入每个元素的值，并将数组中的数据输出到"立即窗口"中。

```
Sub 动态数组()
    Dim myarr() As Integer
    Dim i As Integer, j As Integer
    i = Val(InputBox("请输入数组的上界", "动态数组", 5))
    Redim myarr(i)
    For j = 1 To i
        myarr(j) = InputBox("请输入数据数组第" & j & "个元素的值")
    Next
    For j = 1 To i
        Debug.Print myarr(j)
    Next
End Sub
```

3.5.3　数组的操作

在数组声明后,就可以对数组或数组中的数据进行操作了,对数组的操作包括数组的引用、数组的赋值、数组的复制和数组的输出等。

1.　数组的引用

对数组引用使用的格式为数组名（下标），在引用时需要注意，下标要在这个数组给定的下界到上界的范围之内，不能出现越界错误。例如：

```
Dim e(3 to 7) as integer
Dim f(1 to 3,2 to 5) as String
```

在数组 e 中，e(3)、e(4)、e(5)、e(6)、e(7)都是对数组元素的正确引用，而其他的都是错误引用。同样，对于二维数组 f 来说，f(1,2)、f(3,5)、f(2,2)等都是正确引用，但 f(2,1)、f(4,2)等就属于错误的引用。

2.　数组的赋值

在声明数组后，可以对数组中的元素进行赋值，对数组赋值，可以使用单个赋值语句对数组中的元素一个一个赋值，例如：

```
e(3)=123: e(4)=345: e(5)= "abc"
```

但这种赋值语句在数组比较大的时候录入的工作量非常大，并且会使程序非常长，所以一般使用循环语句对数组进行操作，可以让用户逐个输入数组的初始值，也可以按一定的规则读取工作表单元格中的值对数组进行赋值。例如，要求用户依次输入 10 个数组元素的初始值，代码如下。

```
For i = 1 To 10
    myarr(i) = InputBox("请输入数据数组第" & j & "个元素的值")
Next
```

执行上述代码，将反复显示 InputBox 对话框，让用户输入值，并保存到对应数组元素中。如果需要读取工作表单元格中的数据对数组进行赋值，实现代码如下：

```
    Sub 数组赋值()
    Dim myarr(5, 5)
    Dim i As Integer, j As Integer
    For i = 1 To 5
        For j = 1 To 5
            myarr(i, j) = Worksheets("sheet1").Cells(i, j)
        Next j
    Next i
End Sub
```

工作表就相当于一个二维数组，每个单元格就是二维数组的一个元素，二维数组的赋值需要用两个循环的嵌套来完成。

除了用循环对数组进行赋值，在 VBA 中还可以使用 Array 函数来对数组赋值，其语法格式如下：

数组变量名=Array(数据集合)

其中，数据集合是由一些数据组成的集合，不同的值之间用逗号隔开。例如：

```
Sub Array 赋值()
    Dim myarr(), i As Integer
    myarr = Array("星期一", "星期二", "星期三", "星期四", "星期五")
    For i = 1 To 5
        Debug.Print myarr(i)
    Next i
End Sub
```

在用 Array 函数对数组进行赋值时，由于 Array 函数返回的类型是 Variant 类型，所以在使用 Array 函数对数组进行赋值前数组要声明为 Variant 类型，且不能设置下标，否则程序将会报错。

3. 数组的复制

数组元素的复制很简单，与普通变量的复制相同，但要复制整个数组，就需要使用循环语句将数组中的每个元素逐步复制才可以实现。例如：

```
Sub 数组的复制()
    Dim myarr1(5) As Integer, myarr2(5) As Integer
    Dim i As Integer
    For i = 1 To 5
        myarr1(i) = i
    Next
```

```
        For i = 1 To 5
            myarr2(i) = myarr1(i)
        Next
    End Sub
```

通过以上代码可以把 myarr1 数组中 5 个元素的值复制到 myarr2 数组中去，完成数组之间的复制。

4．数组的输出

由于在 VBA 中不支持窗体使用 Print 方法，所以数组的输出可以直接输出到工作表的单元格中，或者用 MagBox 语句显示。例如，创建一个二维数组，使每个元素的值等于其两个坐标的乘积，再将其输出到工作表和 MsgBox 中。实现代码如下：

```
Sub 数组输出()
    Dim myarr(5, 5)
    Dim str As String
    Dim i As Integer, j As Integer
    For i = 1 To 5
        For j = 1 To 5
            myarr(i, j) = i * j           '数组元素的复制
            Worksheets("sheet2").Cells(i, j) = myarr(i, j)        '将元素输出到工作表中
        Next j
    Next i

    For i = 1 To 5
        For j = 1 To 5
            str = str & myarr(i, j) & "    "
        Next j
        str = str & vbCrLf
    Next i
    MsgBox str, , "数组输出"        '用 MsgBox 输出二维数组
End Sub
```

运行结果如图 3-35 所示。

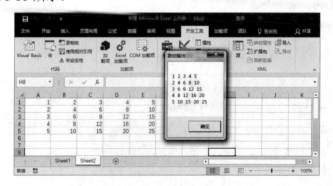

图 3-35　数组的输出

3.5.4　数组函数

在 VBA 中提供了一些数组的常用函数供用户使用，比较常用的函数是获得数据下标范围的函数 LBound 和 UBound。

LBound 函数和 UBound 函数可以获得数组下标的下界和上界，其语法格式为：

```
LBound(数组名称 [，维数])
UBound(数组名称 [，维数])
```

其中，"维数"为 1 代表数组的第一维，为 2 代表数组的第二维，如果省略该参数，表示返回第一维下标的下界和上界。例如：

```
Dim a(1 to 100 , 0 to 3 , -3 to 4)
LBound (a, 1)                '返回值为 1
LBound (a, 1)                '返回值为 0
LBound (a, 1)                '返回值为-3
```

3.6　Sub 过程，基本的程序单元

VBA 的应用程序是由很多过程组成的，使用 Excel VBA 开发应用程序就是编写过程。本节将介绍编写过程的详细内容。

3.6.1　过程的分类

过程是指由一组完成特定任务的 VBA 语句组成的代码集合。在 VBA 中，可执行的代码都必须放在过程中，VBA 的过程可以分为事件过程、属性过程、子程序（Sub 过程）以及函数过程（Function）四种。

1. 事件过程

事件过程是指当发生某个事件（如鼠标的单击、键盘的输入等）时，对该事件做出响应的程序段。事件过程与对象有关，不同的对象有不同的事件过程。例如，有关工作簿的事件过程在代码窗口的右侧下拉列表中就可以看到，如图 3-36 所示。

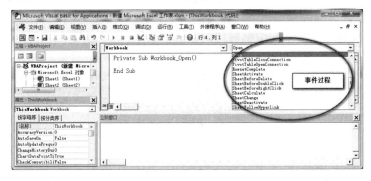

图 3-36　事件过程

2. 属性过程

属性过程用于返回和设置对象属性的值，可以设置对属性的引用，还可以创建和引用用户自定义的属性，扩充 VBA 对象的功能，属于较高层次的编程技术，本节就不做详细介绍了。

3. 子程序（sub）

如在不同的事件过程中需要执行一段相同的代码，可以把这段代码独立出来，作为一个过程，这样的过程叫"通用过程"，子程序就是通用过程中的一种。

子程序可以完成特定的功能，如执行结束后没有返回值，调用时使用 Call 语句。子程序的好处在于可以减少重复编写代码，便于共享。

4. 函数过程（Function）

函数过程和子程序一样，也属于通用过程，具有独立的功能，但是在调用方法上与子程序有一定的区别，并且在程序完成后会有一个返回值，返回给调用函数过程的主程序，因此调用函数不需要使用 Call 语句，而是在函数过程中找那个以"函数名=返回值表达式"的形式向主程序返回一个结果。

3.6.2　子程序

子程序在使用之前，需要先在模块中定义，本节将详细介绍子程序的定义和调用。

1. 定义子程序

在 VBA 中定义子程序的方法有两种，一种是使用窗体创建过程结构，再在过程中编写代码；另一种是在模块中直接输入代码定义子程序。

（1）使用窗体的方式创建 Sub 过程。

通用过程一般保存在模块中，所以可以在 VBE 中先添加一个模块。VBE 提供了"添加过程"的对话框，具体操作步骤如下。

第一步：在 VBE 环境的菜单中，选择【插入】→【过程】，打开如图 3-37 所示的"添加过程"对话框。

第二步：在"名称"文本框中输入子程序的名称；在"类型"中选择"子程序"；在"范围"中选择"公共的"。

在图 3-37 对话框中除了可以创建子程序，还可以选择创建函数过程或属性过程，范围是指创建的过程是全局的还是私有的，一般情况下创建的过程都选择公共的，方便共享。

第三步：设置好过程的参数后，单击【确定】按钮，VBA 将自动生成过程的结构代码，如图 3-38 所示，然后在过程结构中编写代码即可。

图 3-37　"添加过程"对话框

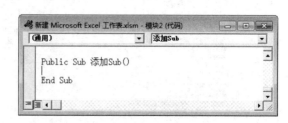

图 3-38　过程结构代码

（2）使用代码创建 Sub 过程。

大多数程序开发人员更习惯在代码窗口中，通过手工输入的方式创建 Sub 过程，Sub 过程的结构如下。

```
[Private | Public | Friend] [Static] Sub  过程名（参数列表）
    语句序列 1
    [Exit Sub]
    语句序列 2
End Sub
```

Sub 前面是限制过程作用域的关键字，主要作用如下。

- Private：表示只有在包含过程声明模块中的其他过程可以访问该 Sub 过程。
- Public：表示所有模块的其他过程都可以访问该 Sub 过程，如果在定义 Sub 过程时省略不写，则默认其为 Public。
- Friend：只能在类模块中使用，该 Sub 过程在整个工程中都是可见的，但对象实例是不可见的。
- Static：表示在调用时保留 Sub 过程的局部变量的值。

End Sub 语句标志着 Sub 过程的结束，每个 Sub 过程都必须有一个 End Sub 语句。在过程中可以使用 Exit Sub 语句直接退出过程，与在循环中讲的 Exit 语句是同样的用法。

2．调用子程序

创建子程序的目的是将一个应用程序划分为多个小的模块，每个小模块可以独立完成一个具体的功能，最后组合完成一个大的程序。在 VBA 中调用 Sub 过程的方法有两种，一种是使用 Call 语句调用；另一种是在 Excel 中以调用宏的方式来执行。

（1）使用 Call 语句调用 Sub 过程。

用 Call 语句可以将程序的执行控制权转移到一个 Sub 过程中，在过程执行到 End Sub 或 Exit Sub 语句后，程序的执行控制权回到调用程序的下一行。Call 语句的语法格式如下：

```
Call  过程名（过程参数列表）
```

如果调用的过程没有参数，可以省略后面的括号。在调用过程中，也可以省略前面的 Call 关键字，直接使用过程名，但与使用 Call 语句不同的是，如果调用时有参数，这种调用方式必须要省略"参数列表"外面的括号。例如：

```
Sub sum(a As Integer, b As Integer)
    Dim sum As Integer
    sum = a + b
    MsgBox sum
End Sub
Sub sum 调用()
    Dim i As Integer, j As Integer
    i = 10
    j = 20
```

```
        Call sum(i, j)
        'sum i, j                    省略 call 的调用，与 call 语句功能相同
    End Sub
```

（2）以宏的方式调用 Sub 过程。

在 Excel 中录制宏时，将自动创建一个 Sub 过程，所以在模块的代码窗口中编写的 Sub 过程可以作为一个宏来调用，步骤如下。

第一步：关闭 VBE 环境，或者回到 Excel 工作界面。

第二步：在"开发工具"功能区中单击【宏】按钮，弹出"宏"对话框，在"宏名"下方的列表里可以看到所有 Sub 过程的名称，选择需要执行的过程，单击右侧的【执行】按钮即可，如图 3-39 所示。

图 3-39 "宏"对话框

3．传递参数

在使用过程的时候，很多过程都带有参数，给过程传递不同的参数，最后得到的执行结果是不同的，对于有参数的过程，在调用时必须给具体的值，这个就是参数的传递。

在 Sub 过程的定义中出现的变量名是形式参数，简称形参，因为没有具体的值，只是形式上的参数。在调用 Sub 过程时传递给 Sub 过程的值是实际参数，简称实参。对于有参数的过程，在调用时必须将实际参数传递给过程，完成形参与实参的结合，才能正确地执行代码。

在 VBA 中，实参可以通过两种方式将数据传给形参，一种是按地址传值，另一种是按值传递。在定义过程时，如果在形参前面有关键字 ByRef，则该参数按地址传值。

（1）按地址传值。

按地址传值是将实参变量的地址传递给形参，这样形参和实参都指向同一个内存区域，所以在过程中如果对形参的值进行了改变，返回到调用程序后，使用实参变量名也可以访问到改变后的值。例如：

```
Sub 按地址传值(ByRef a As Integer)
    a = a + 1
    Debug.Print "子过程中的变量 A=" & a
End Sub
```

```
Sub  调用过程()
    Dim b As Integer
    b = 3
    Debug.Print "主程序中变量 B=" & b
    按地址传值  b
    Debug.Print "主程序中变量 B=" & b
End Sub
```

程序在调用"按地址传值"时，将 b 的地址给了 a，所以修改 a 的值相当于修改 b 的值，所以调用完成后，再打印 b 的值，b 的值就发生了改变，如图 3-40 所示。

（2）按值传递。

按值传递是将实参的值复制一份赋值给形参，而不是传递实参的地址。在定义过程时，在形参的前面加上 ByVal 关键字，则按值传递，在默认情况下是按地址传值的。

按值传递时，传递的只是实参的副本，所以如果在过程中改变了形参的值，对于实参来讲是没有任何影响的。如将按地址传值的代码改为按值传递。

```
Sub  按值传递(ByVal a As Integer)
    a = a + 1
    Debug.Print "子过程中的变量 A=" & a
End Sub
Sub  调用过程()
    Dim b As Integer
    b = 3
    Debug.Print "主程序中变量 B=" & b
    按地址传值  b
    Debug.Print "主程序中变量 B=" & b
End Sub
```

程序执行后的结果如图 3-41 所示。

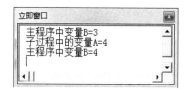

图 3-40 按地址传递程序运行结果

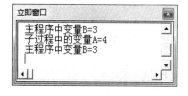

图 3-41 按值传递程序运行结果

从图 3-41 的运行结果可以看出，变量 a 的改变并没有影响到主程序中的实参 b。在程序中按地址传递方式比按值传递方式效率高，但按地址传递中，形参并不是一个真正的局部变量，有可能对程序产生不必要的影响，所以，没有特殊要求下，应该尽量使用按值传递的方式。

（3）传递数组参数。

数组作为一种特殊的变量类型，也可以作为一个参数传递给 Sub 过程，数组一般是按地址传值的，如编写一个求数组最大值的过程。

```
Sub 求数组最大值(a() As Integer)
    Dim i As Integer, max As Integer
    max = a(LBound(a))
    For i = LBound(a) To UBound(a)
        If a(i) > max Then max = a(i)
    Next
    Debug.Print "最大值为:" & a
End Sub
Sub test 求数组最大值()
    Dim myarr(5) As Integer, i As Integer
    For i = 0 To 5
        myarr(i) = i * 2
    Next
    Call 求数组最大值(myarr())
End Sub
```

在该过程中，用一个数组做形参，对传递到过程中的数组，求该数组的最大值，在主程序中用 call 语句调用"求数组最大值"子过程，并将数据 myarr 作为实参传递到该子过程中，最后得到 myarr 数组的最大值。

3.6.3 函数过程

函数过程又叫 Function 函数，也是通过过程的一种，与 Sub 过程的区别在于 Function 函数有返回值，可以在 Excel 中像内部函数一样使用，但是不会出现在"宏"对话框中，在 VBA 中，Sub 过程可以作为独立的语句被调用，而 Function 函数通常作为表达式的一部分。

1. 定义函数

Function 函数的创建方法与 Sub 过程基本相同，可以用"添加过程"窗口添加，也可以手工输入代码添加。通过"添加过程"窗口添加时，在"类型"中选择"函数"选项即可。Function 函数的语法格式如下：

```
[Private | Public | Friend] [Static] Function 函数名（参数列表） [As 返回类型]
    语句序列 1
    函数名=表达式 1
    [Exit Function]
    语句序列 2
    函数名=表达式 2
End Sub
```

Function 语法结构与 Sub 过程结构很相似，但有两点区别如下：
● 声明函数的第一行"As 数据类型"定义的是函数的返回值类型。

```
函数名=表达式
```

● 在函数体内，都有一条返回计算结果的语句，即如果在函数体内没有这条语句，则该函数返回一个默认值：数值函数返回 0，字符串函数返回空字符串。

2．调用函数

调用 Function 函数的方法有两种：一种是在工作表的公式中调用；另一种是在 VBA 中通过代码调用。

（1）在工作表中调用函数。

Function 函数和 Excel 内置函数一样，可以在公式中进行引用，如果不知道 Function 函数的名称或参数，可以使用"插入函数"对话框帮助向工作表中输入这些函数。例如，创建一个 MySum 的函数如下。

```
Function MySum(ParamArray intNum()) As Long
Dim i As Integer, j As Long
For i = LBound(intNum) To UBound(intNum)
        j = j + intNum(i)
Next
    MySum = j
End Function
```

在工作表中调用这个函数的步骤如下。

第一步：回到 Excel 窗口，单击任意一个单元格。

第二步：在菜单栏"公式"的功能区中，单击"插入函数"命令，弹出"插入函数"对话框，如图 3-42 所示。

第三步：在对话框的"选择类别"下拉列表中选择"用户自定义"选项，下方的函数列表将显示自己定义的函数。

第四部：选择"MySum"函数，单击【确定】按钮，弹出"函数参数"对话框，如图 3-43 所示，在该对话框中可以输入函数所需要的参数。

图 3-42 "插入函数"对话框

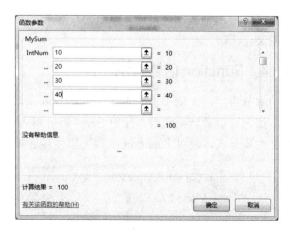

图 3-43 "函数参数"对话框

第五步：输入参数后，单击【确定】按钮，即完成了公式的输入。在 Excel 所选单元格里输入了 MySum 函数，如图 3-44 所示。

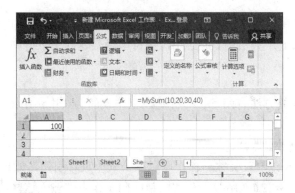

图 3-44 输入自定义函数

（2）在 VBA 代码中调用函数。

在 VBE 中调用 Function 函数比较简单，可以如使用 VBA 内部函数一样来调用。它与内部函数没有什么分别，只不过内部函数由 VBA 提供，而 Function 函数由用户提供。例如，在代码中调用上面的 MySum 函数，并将计算结果保存的代码如下。

```
        Sub test()
        Dim t As Long
        t = MySum(1, 3, 5, 7, 9)
        Debug.Print t
End Sub
```

还可以将 Function 函数作为表达式的一部分，使其返回的值参加表达式的计算，例如：

```
        t = t + MySum(1, 3, 5, 7, 9)
```

在调用时，也可以像调用 Sub 过程一样，直接输入函数的名称，后面跟上参数，例如：

```
        MySum 1, 3, 5, 7, 9
```

这种写法系统不会报错，但因为没有变量接收返回的值，所以得不到运行结果，自然也没有意义。

3.6.4　Function 函数实例

本节将用一个例子进一步讲解 Function 函数。

如大写金额转换函数。在用 Excel 进行财务统计时，经常需要将金额由阿拉伯数字转换为中文大写形式，通过 Function 函数可以生成正确的中文大写金额格式，具体代码如下：

```
        Function CapsMoney(curMoney As Currency) As String
        Dim curMoney1 As Long
        Dim i1 As Long          '保存元部分
        Dim i2 As Long          '保存角部分
        Dim i3 As Long          '保存分部分
        Dim s1 As String, s2 As String, s3 As String          '保存转换后的字符串
```

```
curMoney1 = Round(curMoney * 100)                    '将金额扩大 100 倍，并进行四舍五入
i1 = Int(curMoney1 / 100)                            '获取元部分
i2 = Int(curMoney1 / 10) - i1 * 10                   '获取角部分
i3 = curMoney1 - i1 * 100 - i2 * 10                  '获取分部分
s1 = Application.WorksheetFunction.Text(i1, "[dbnum2]")    '将元部分转为大写
s2 = Application.WorksheetFunction.Text(i2, "[dbnum2]")    '将角部分转为大写
s3 = Application.WorksheetFunction.Text(i3, "[dbnum2]")    '将分部分转为大写
s1 = s1 & "元"             '整数部分
If i3 <> 0 And i2 <> 0 Then               '分和角都不为 0
    s1 = s1 & s2 & "角" & s3 & "分"
    If i1 = 0 Then                        '元部分为 0
        s1 = s2 & "角" & s3 & "分"
    End If
End If
If i3 = 0 And i2 <> 0 Then                '分为 0，角不为 0
    s1 = s1 & s2 & "角整"
    If i1 = 0 Then
        s1 = s2 & "角整"
    End If
End If
If i3 <> 0 And i2 = 0 Then                '分不为 0，角为 0
    s1 = s1 & s2 & s3 & "分"
    If i1 = 0 Then
        s1 = s3 & "分"
    End If
End If
If Right(s1, 1) = "元" Then s1 = s1 & "整"      '为元后加一个整字
CapsMoney = s1
End Function
```

在 VBA 中编完后，可在 Excel 中做测试，步骤请参数 Function 函数调用的步骤，在任意单元格中输入数字，然后调用函数，得到结果如图 3-45 所示。

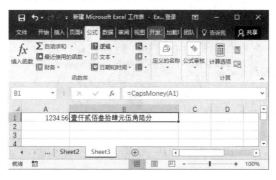

图 3-45　测试函数运行结果

3.7 习题

1. 选择题

（1）设有如下语句，错误的说法是_____。

```
Dim a,b As Integer
c = "Visual Basic"
d = #7/20/2005#
```

    A. a 被定义为整型变量   B. b 被定义为整型变量

    C. c 中的数据是字符串型   D. d 中的数据是日期型

（2）设 *a*=5，*b*=6，*c*=7，d=8 ，执行下列语句，X=IIf((a>b)And(c>d),10,20)，则 X 的值为_____。

    A. 10   B. 20   C. True   D. False

（3）设 *a*=2，*b*=3，*c*=4，*d*=5，Not a <= c Or 4 * c = b ^ 2 And b <> a + c 表达式的值是_____。

    A. −1   B. 1   C. True   D. False

（4）以下关系表达式中，其值为 False 的是_____。

    A. "ABC">"AbC"   B. "the"<>"they"

    C. "VISUAL"=UCase("Visual")   D. "Integer">"Int"

（5）执行以下程序段后，变量 c$ 的值为 _____。

```
a$= "Visual Basic Programming"
b$= "Quick"
c$=b$&UCase(Mid$(a$,7,6))&Right$(a$,12)
```

    A. Visual Basic Programming   B. Quick BASIC programming

    C. Quick BASIC Programming   D. Quick Basic Programming

（6）当 MsgBox 函数返回值为 1，对应的符号常量是 VbOk，表示用户的操作是_____。

    A. 用户单击了对话框中的【确定】按钮

    B. 用户单击了对话框中的【取消】按钮

    C. 用户单击了对话框中的【是】按钮

    D. 用户单击了对话框中的【否】按钮

（7）在 Visual Basic 中，InputBox 函数的默认返回值类型为字符串，当用 InputBox 函数作为数值型数据输入时，下列操作中可以有效防止程序出错的操作是_____。

    A. 事先把要接收的变量定义为数值型

    B. 在函数 InputBox 前面使用 Str 函数进行类型转换

    C. 在函数 InputBox 前面使用 Val 函数进行类型转换

    D. 在函数 InputBox 前面使用 String 函数进行类型转换

（8）在窗体上画一个命令按钮，名称为 Command1，然后编写如下事件过程。

```
Private Sub Command1_Click()
```

```
        a$ = "software and hardware"
        b$ = Right(a$, 8)
        c$ = Mid(a$, 1, 8)
        MsgBox a$, , b$, c$, 1
End Sub
```

运行程序，单击【命令】按钮，在弹出的信息框标题栏中显示的是_____。

    A．software and hardware   B．software   C．hardware   D．1

（9）设 a=1，b=2，c=3，d=4，则表达式 IIf(a < b, a, IIf(c < d, a, d))的值为_____。

    A．4   B．3   C．2   D．1

（10）当 a=1，b=3，c=5，d=4 时，执行下面一段程序后，x 的值为_____。

```
If a < b Then
        If c < d Then
            x = 1
        Else
            If a < c Then
            If b < d Then
                x = 2
            Else
                x = 3
            End If
        Else
            x = 6
        End If
        End If
Else
        x = 7
End If
```

    A．1   B．2   C．3   D．6

（11）与语句 y=IIF((IIF(x>0,1,x)<0,−1,0)的功能相同的 If 语句是_____。

```
A．If x <= 0 Then              B．If x <= 0 Then
        If x = 0 Then                 If x = 0 Then
            y = 0                         y = −1
        Else                          Else
            y = −1                        y = 0
        End If                        End If
        Else                          Else
            y = 0                         y = −1
        End If                        End If
```

C. If x < 0 Then
    y = −1
  Else
    If x > 0 Then
      y = −1
    Else
      y = 0
    End If
  End If

D. If x < 0 Then
    y = −1
  Else
    If x > 0 Then
      y = 0
    Else
      y = −1
    End If
  End If

（12）设有如下程序段：

```
x=2
For i=1 To 10 Step 2
    x=x+I
Next
```

运行以上程序后，x 的值是_____。

    A．26   B．27   C．38   D．57

（13）在窗体上创建一个名称为 Command1 的命令按钮，然后编写如下事件过程：

```
Private Sub Command1_Click()
Dim a As Integer, s As Integer
a = 8
s = 1
Do
s = s + a
a = a -1
Loop While a <= 0
Debug.Print s; a
End Sub
```

程序运行后，单击【命令】按钮，在立即窗口中显示的内容是_____。

    A．7 9   B．34 0   C．9 7   D．死循环

（14）在窗体上创建一个命令按钮和两个标签，名称分别为 Command1、Label1 和 Label2，编写如下事件过程：

```
Private Sub Command1_Chick()
    a =0
    For i=1 To 10
    a=a+1
    b=0
    Forj=1 To 10
```

```
        a=a+1
        b=b+2
    Nextj
    Next i
    Label1. Caption=Str(a)
    Label2.Caption=Str(b)
End Sub
```

程序运行后，单击【命令】按钮，在标签 Label1 和 Label2 中显示的内容为 _____ 。

  A．10 和 20   B．20 和 110   C．200 和 110   D．110 和 20

（15）有如下程序：

```
Private Sub Form_Click()
    Dim i As Integer, sum As Integer
    sum = 0
    For i = 2 To 10
    If i Mod 2 <> 0 And i Mod 3 = 0 Then
    sum = sum + i
    End If
    Next i
    Debug.Print sum
End Sub
```

程序运行后，单击【窗体】命令，在"立即窗口"中输出结果为_____。

  A．12   B．30   C．24   D．18

（16）在窗体上创建一个命令按钮，名称为 Command1，然后编写如下事件过程：

```
Private Sub Command1_Click()
    Dim i As Integer, x As Integer
    For i = 1 To 6
        If i = 1 Then x = i
        If i <= 4 Then
        x = x + 1
        Else
        x = x + 2
End If
    Next i
    Debug.Print x
End Sub
```

程序运行后，单击【命令】按钮，在"立即窗口"中输出结果为_____。

  A．9   B．6   C．12   D．15

（17）为计算 1+3+5+…+99 的值，某人编程如下：

```
        k=1
        s=0
        While k<=99
         k=k+2:s=s+k
        Wend
   Print  s
```

在调试时发现运行结果有错误,需要修改。在下列错误原因和修改方案中正确的是_____。

    A."While…Wend"循环语句错误,应改为"For k=1 To 99…Next k"

    B.循环条件错误,应改为"Whlie k<99"

    C.循环前的赋值语句"k=1"错误,应改为"k=0"

    D.在循环中两条赋值语句的顺序错误,应改为"s=s+k:k=k+2"

(18)下面程序在调试时出现了死循环,关于死循环的叙述中正确的是_____。

```
   Private Sub Command1_Click（）
       n=InputBox（"请输入一个整数"）
       Do
         If n Mod 2=0 Then
           n=n+1
         Else
           n=n+2
         Else If
       Loop Until n=1000
   End Sub
```

    A.只有输入的 n 是偶数时才会出现死循环,否则不会

    B.只有输入的 n 是奇数时才会出现死循环,否则不会

    C.只有输入的 n 是大于 1000 的整数时才会出现死循环,否则不会

    D.输入任何整数都会出现死循环

(19)语句 Dim b(10 To 20)所定义的数组元素个数是_____。

    A. 11   B. 20   C. 30   D. 10

(20)运行以下程序时出现报错信息,产生错误的原因是_____。

```
x = 5
Dim a(x)
For i = 1 To 6
    a(i) = i + 1
Next i
```

    A.数组元素 a(i)的下标越界

    B.变量 x 没有定义

    C.循环变量的范围越界

    D. Dim 语句中不能用变量 x 来定义数组的下标

（21）有如下程序：

```
Option Base 1
Private Sub Form_Click()
    Dim arr, Sum
    Sum = 0
    arr = Array(1, 3, 5, 7, 9, 11, 13, 15, 17, 19)
    For i = 1 To 10
        If arr(i) / 3 = arr(i) \ 3 Then
            Sum = Sum + arr(i)
        End If
    Next i
    Debug.Print Sum
End Sub
```

程序运行后，单击"窗体"命令，在"立即窗口"中输出结果为_____。

    A．25   B．26   C．27   D．28

（22）以下叙述正确的是_____。

    A．一个 Sub 过程至少要一个 Exit Sub 语句

    B．一个 Sub 过程必须有一个 End Sub 语句

    C．可以在 Sub 过程中定义一个 Function 过程，但不能定义 Sub 过程

    D．调用一个 Function 过程可以获得多个返回值

（23）已知有下面的过程：

```
Private Sub proc1(a As Integer,b As String,Optional x As Boolean)
    ...
End Sub
```

正确调用此过程的语句是_____。

    A．Call procl(5)   B．Call proc1 5, "abc",False

    C．proc1(12, "abc",True)   D．proc1 5, "abc"

（24）在窗体上创建一个名称为 Command1 的命令按钮，并编写以下程序。

```
Private Sub Command1_Click （）
    Debug. Print fun （"ABCDEFG"）
End Sub
Function fun （st As String）  As String
    stlen=Len （st）
    temp=""
    For k = 1 to stlen \ 2
        temp = temp + Mid(st,k,1)+Mid(st,stlen-k+1,1)
    Next k
    fun=temp
```

End Function

程序运行时，单击【命令】按钮，则在"立即窗口"中显示的是_____。

    A．ABCDEFG   B．AGBFCE

    C．GFEDCBA   D．AGBFCED

（25）函数过程 F1 的功能：如果参数 b 为奇数，则返回值为 1，否则返回值为 0。以下能正确实现此功能的代码是_____。

A．
```
Function F1(b As Integer)
    If b Mod 2 = 0 Then
        Return 0
    Else
        Return 1
    End If
End Function
```

B．
```
Function F1(b As Integer)
    If b Mod 2 = 0 Then
        F1 = 0
    Else
        F1 = 1
    End If
End Function
```

C．
```
Function F1(b As Integer)
    If b Mod 2 = 0 Then
        F1 = 1
    Else
        F1 = 0
    End If
End Function
```

D．
```
Function F1(b As Integer)
    If b Mod 2 <> 0 Then
        Return 0
    Else
        Return 1
    End If
End Function
```

2．填空题

（1）设有如下程序段：

```
a$="BeijingShanghai"
b$=Mid(a$,InStr(a$,"g")+1)
```

执行上面的程序段后，变量 b$的值为_____。

（2）23/5.8、23\5.8、23 Mod 5.8 的运算结果分别是_____、_____、_____。

（3）表达式 4 ^ 3 Mod 3 ^ 3 \ 2 ^ 2 的值是_____。

（4）设 *a*=6，则执行"x = IIF (a>5,-1,0)"后，x 的值为_____。

（5）4 个字符串"ABC"、"abc"、"ABCDE"及"afgh"中的最大值为_____。

（6）以下程序段的输出结果是 17，请填空。

```
Private Sub Command1_Click()
    Dim x As Single, y As Single, z As Single
    a = 9
    b = 2
    x = _____
    y = 1.1
```

```
    z = a / 2 + 1 / 2 + b * x / y
    Debug.Print z
    End sub
```

（7）执行如下语句：

```
a = inputBox("Today","TomorroW,"Yesterday",,,"Day before yesterday",5)
```

将显示一个输入对话框，在对话框的输入区中显示的信息是_____。

（8）以下两条 If 语句合并成一条 If 语句为_____。

```
If a <= b Then
        x = 1
Else
        y = 2
End If
If a > b Then
        Debug.Print y
Else
        Debug.Print x
End If
```

（9）下列程序段的输出结果是_____。

```
Private Sub Command1_Click()
    Dim n As Integer
    n = Asc("c")
    n = n + 1
    Select Case n
      Case Asc("b")
        Debug.Print "good"
      Case Asc("c")
        Debug.Print "pass"
      Case Asc("d")
        Debug.Print "warn"
      Case Else
        Debug.Print "error"
    End Select
End Sub
```

（10）语句 Dim c(2 To 8,4)所定义的数组元素个数是_____。

（11）由 Array 语句进行初始化的数组必须定义为_____类型。

（12）有如下过程，两次调用过程 proc 显示的内容分别是_____和_____。

```
Private Sub Command1_Click( )
    Dim a As Integer
```

```
        Dim b As Integer
        a = 2
        b = 5
        Call proc(a, b)
        Call proc(a)
End Sub
Private Sub proc(x As Integer, Optional y)
        Dim z As Integer
        If   IsMissing(y) Then
          MsgBox ("没有提供可选参数")
        Else
          z = x * y
          MsgBox ("乘积 = " + Str(z))
        End If
End Sub
```

（13）设有以下函数过程：

```
Function fun(m As Integer) As Integer
        Dim k As Integer, sum As Integer
        sum = 0
        For k = m To 1 Step -2
        sum = sum + k
        Next k
        fun = sum
End Function
```

若在程序中用语句 s = fun(10)调用此函数，则 s 的值为_____。

3．操作题

（1）熟悉 Mid 字符串函数的使用。输入一个第二代身份证号码，解析出生日期和性别。对于第二代身份证号码，从第 7 位开始的 8 位数为出生年月；倒数第二位为偶数的是女性，奇数是男性。可以使用 IIf 函数实现简单判断，如图 3-46 所示。

（2）熟悉 For…Next 循环语句。找出所有的三位水仙花数，如图 3-47 所示，水仙花数是这样的一些数字：$371=3^3+7^3+1^3$。

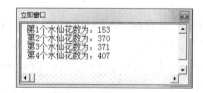

图 3-46　解析身份证号码的界面　　　　　　图 3-47　水仙花数

（3）熟悉 Do…Loop 循环语句。设 $S=1+2+3+\cdots+N$，找出 S 超过指定数的最小 N 的值。Do…Loop 循环练习，如图 3-48 所示。

（4）熟悉 Exit For 语句的用法。产生 10 个随机两位数，当偶数的个数为 4 时结束，如图 3-49 所示。

图 3-48　Do…Loop 循环练习　　　　　　　　图 3-49　Exit For 练习

（5）编制程序实现随机产生一个包含 10 个数据的一维数组并将其放到 Excel 里，随机数的大小为 1-100，在 Excel 下一行的单元格里显示这个数组的最大值、最小值和平均值，如图 3-50 所示。

图 3-50　执行结果

（6）写一个 Function 函数实现个人所得税的计算，并在 Excel 中使用该函数计算个人所得税。

第4章 ▶▶

工作对象，解决工作中的实际问题

工作对象是 VBA 与 VB 区别的一个重要方面。本章主要是从 VBA 应用最为频繁的应用程序对象 Excel 开始介绍，从应用程序 Application，到工作对象工作簿（Excel 文件），再到工作表以及最小的工作对象单元格。从常用属性、常用方法以及应用的事件一一进行说明，最后列举几个综合实例说明掌握工作对象的重要性。

应用程序
   工作簿
      工作表
         单元格

4.1 一切从我开始——应用程序

Application 对象是 Excel 或 Word 对象模型中最高级别的对象，位于顶层，就像树的根一样，代表整个 Excel 或 Word 应用程序。Application 对象提供正在运行程序的信息、应用于程序实例的选项以及在实例中打开的当前对象。因为它是对象模型中最高的对象，Application 对象也包含组成一个工作簿的很多部件，在 Excel 中包括工作簿、工作表集合、单元格以及这些对象所包含的数据等，在 Word 中则包括文档、段落、页、字符以及这些对象所包含的数据等。

熟悉 Application 对象能够让使用者扩展和调整 Excel 的功能，以满足自己的需求。在编写 Excel 应用程序时，经常需要用到 Application 对象的属性和方法。

4.1.1 常用属性

1. Version 属性

该属性返回一个 String 值，它代表 Microsoft Excel 的版本号。

第一步：启动 Excel 并创建一个空白工作簿，打开 Visual Basic 编辑器，插入一个模块，在模块的"代码"窗口中输入如下程序代码。

```
Sub 版本号( )
    MsgBox "当前使用的版本号为" & Application.Version
End Sub
Sub 信息()
    MsgBox "不能输入字符 C"
End Sub
```

第二步：按【F5】键运行程序，程序将给出提示对话框，显示 Excel 的版本号，如图 4-1 所示。

代码解释

使用 MsgBox 函数在提示对话框中显示 Version 属性值。

2. Username 属性

该属性返回或设置当前用户的名称。

第一步：启动 Excel 并创建一个空白工作簿，打开 Visual Basic 编辑器，插入一个模块，在模块的"代码"窗口中输入如下程序代码。

```
Sub 用户名( )
    MsgBox "当前用户名为" & Application.Username
End Sub
Sub 信息()
    MsgBox "不能输入字符 C"
End Sub
```

第二步：按【F5】键运行程序，程序将给出提示对话框，显示 Excel 的用户名，如图 4-2 所示。

代码解释

使用 MsgBox 函数在提示对话框中显示 Username 属性值。

3. OrganizationName 属性

该属性返回注册组织名称。

第一步：启动 Excel 并创建一个空白工作簿，打开 Visual Basic 编辑器，插入一个模块，在模块的"代码"窗口中输入如下程序代码。

```
Sub 注册组织名称( )
    MsgBox "当前用户名为" & Application.OrganizationName
End Sub
Sub 信息()
    MsgBox "不能输入字符 C"
End Sub
```

第二步：按【F5】键运行程序，程序将给出提示对话框，显示 Excel 的用户名，如图 4-3 所示。

图 4-1　显示 Excel 版本号　　图 4-2　显示 Excel 用户名　　图 4-3　显示 Excel 注册组织名称

代码解释

使用 MsgBox 函数在提示对话框中显示 OrganizationName 属性值。

4. Caption 属性

该属性代表出现在 Microsoft Excel 主窗口标题栏中显示的名称。

第一步：启动 Excel 并创建一个空白工作簿，打开 Visual Basic 编辑器，插入一个模块，在模块的"代码"窗口中输入如下程序代码。

```
Sub 设置标题栏名称( )
    Application.Caption = "西南财经大学天府学院"
End Sub
Sub 信息()
    MsgBox "不能输入字符 C"
End Sub
```

第二步：按【F5】键运行程序，Excel 的标题发生了改变。

5. Left 属性和 Top 属性

这两个属性返回 Excel 程序窗口在屏幕上的位置。

第一步：启动 Excel 并创建一个空白工作簿，打开 Visual Basic 编辑器，插入一个模块，在模块的"代码"窗口中输入如下程序代码。

```
Sub 程序窗口的位置()
    Dim myL As Double, myT As Double
    myL = Application.Left
    myT = Application.Top
    MsgBox "Excel 程序窗口左边界位置为： " & myL & vbCrLf & _
    "右边界位置为： " & myT
End Sub
```

图 4-4　显示 Excel 程序窗口位置信息

第二步：按【F5】键运行程序，程序将给出提示对话框，显示 Excel 程序窗口的位置信息，如图 4-4 所示。

代码解释

使用 MsgBox 函数在提示对话框中显示 Left 属性值和 Top 属性值。

6. ActiveCell 属性

该属性返回一个 Range 对象，它代表活动窗口（最上方的窗口）或指定窗口中的活动单元格。

第一步：启动 Excel 并创建一个空白工作簿，打开 Visual Basic 编辑器，插入一个模块，在模块的"代码"窗口中输入如下程序代码。

```
Sub 返回活动单元格的值()
    Worksheets("sheet1").Activate
```

```
    MsgBox Application.ActiveCell.Value
End Sub
```

第二步：在 Sheet1 中选中单元格 B5，按【F5】键运行程序，如图 4-5 所示，程序将给出提示对话框，显示选中单元格的值，如图 4-6 所示。

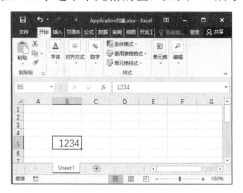 

图 4-5　在 Sheet1 中选中 B5 单元格　　　　图 4-6　显示 B5 单元格的值

代码解释

激活 Sheet1 后，再使用 MsgBox 函数显示选中单元格的值。

7. Selection 属性

该属性返回的对象类型取决于当前所选内容，如果选择了单元格，则该属性将返回一个 Range 对象；如果未选择任何内容，则该属性将返回 Nothing。

第一步：启动 Excel 并创建一个空白工作簿，打开 Visual Basic 编辑器，插入一个模块，在模块的"代码"窗口中输入如下程序代码。

```
Sub 返回选中单元格的行数()
    Dim intR As Integer
    intR = Application.Selection.Rows.Count
    MsgBox "当前选中了" & intR & "行"
End Sub
```

第二步：在 Sheet1 中选中 4 行 3 列区域，按【F5】键运行程序，如图 4-7 所示，程序将给出提示对话框，显示选中区域的行数，如图 4-8 所示。

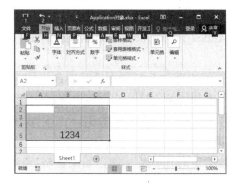 

图 4-7　在 Sheet1 中选中 4 行 3 列　　　　图 4-8　显示选中区域的行数

代码解释

使用 MsgBox 函数显示选中区域的行数。

8. Range 属性

该属性返回一个 Range 对象，它代表一个单元格或者单元格区域。

第一步：启动 Excel 并创建一个空白工作簿，打开 Visual Basic 编辑器，插入一个模块，在模块的"代码"窗口中输入如下程序代码。

```
Sub 设置单元格 B1 的值()
    Application.Range("B1") = 300
End Sub
```

第二步：程序运行前，如图 4-9 所示，B1 单元格的值为 ABCD，按【F5】键运行程序后，B1 单元格的值被修改为 300，如图 4-10 所示。

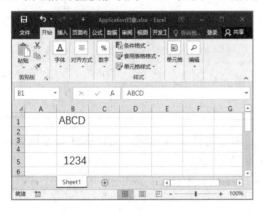 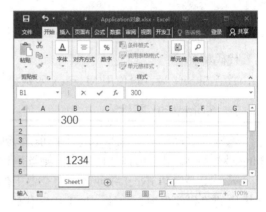

图 4-9　程序运行前　　　　　　　　　　图 4-10　程序运行后

代码解释

将 B1 单元格的值设置为 300。

4.1.2　常用方法

1. GetOpenFilename 方法

该方法能够获取 Excel 的文件名，即打开一个对话框，在该对话框中选择文件后可以获取其存放路径以及文件名，而不必真正打开任何文件。GetOpenFilename 方法的语法格式如下。

表达式. GetOpenFilename(FileFilter,FilterIndex,Title, ButtonText, MultiSelect)

参数含义

- FileFilter：Variant 类型，可选参数。该参数是一个指定文件筛选条件的字符串。
- FilterIndex：Variant 类型，可选参数。该参数指定默认文件筛选条件的索引号，其取值范围为 1 到由 FileFilter 所指定的筛选条件的数目之间的数值。该参数如果省略或参数值大于可用的筛选条件数目，则使用第一个文件的筛选条件。
- Title：Variant 类型，可选参数。该参数指定对话框的标题，如果省略该参数，则标题为"打开"。

- ButtonText：Variant 类型，可选参数。该参数只对苹果电脑有用。
- MuliSelect：Variant 类型，可选参数。该参数如果为 True，则允许选择多个文件名；如果为 False，则只允许选择一个文件名，默认值为 False。

第一步：启动 Excel 并创建一个空白工作簿，打开 Visual Basic 编辑器，插入一个模块，在模块的"代码"窗口中输入如下程序代码。

```
Sub 获取文件的文件名 ()
    myFileName = Application.GetOpenFilename
    MsgBox myFileName
End Sub
```

第二步：按【F5】键运行程序，选择对应文件后单击【打开】按钮，程序将给出提示对话框，显示完整的文件路径和文件名，如图 4-11 所示。

代码解释

程序使用 MsgBox 函数在提示对话框中显示完整的文件路径和文件名。

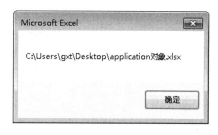

图 4-11　显示完整的文件路径和文件名

2．GetSaveAsFilename 方法

该方法能够打开一个标准的"另存为"对话框，获取文件被保存的位置和文件名，而无须真正保存任何文件。GetSaveAsFilename 方法的语法格式如下。

表达式.GetSaveAsFilename(InitialFilename,FileFilter,FileFilterIndex,Title, ButtonText)

该方法的使用与 GetOpenFileName 方法相同，可以参考其参数，只是增加了 InitialFilename 参数。

参数含义

InitialFilename：Variant 类型，可选参数，该参数指定建议的文件名，如果省略该参数，则将使用活动工作簿的名称。

第一步：启动 Excel 并创建一个空白工作簿，打开 Visual Basic 编辑器，插入一个模块，在模块的"代码"窗口中输入如下程序代码。

```
Sub 获取文件的保存位置和名称()
    Dim fileSaveName As Variant
    fileSaveName = Application.GetSaveAsFilename( _
        fileFilter:="Excel 未启用宏的工作簿（*.xlsx）,*.xlsx")
    If fileSaveName <> False Then
        MsgBox "文件保存为： " & fileSaveName
    Else
        MsgBox "没有选择文件，无法显示保存路径信息"
    End If
End Sub
```

第二步：按【F5】键运行程序，程序将打开一个对话框，且在"保存类型"下拉列表中只有一个选项"Excel 未启用宏的工作簿（*.xlsx）"，如图 4-12 所示。在对话框中选择文件后单击【保存】按钮，程序在提示对话框中显示文件的完整保存路径和文件名，如图 4-13 所示。如果单击对话框中的【取消】按钮，程序将给出提示，如图 4-14 所示。

图 4-12　在对话框中选择文件

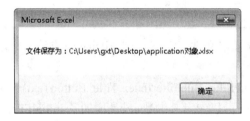

图 4-13　显示完整的文件保存路径和文件名

图 4-14　提示信息

代码解释

程序对 GetSaveAsFilename 方法的返回值进行判断，如果返回 False，则提示没有选择文件；如果不是返回 False，则在提示对话框中显示完整的文件保存路径和文件名。

3．FindFile 方法

该方法可以打开 "打开"对话框，如果成功打开一个新文件，则此方法返回 True；如果用户取消对话框，则此方法返回 False。FindFile 方法的语法格式如下。

Application. FindFile

第一步：启动 Excel 并创建一个空白工作簿，打开 Visual Basic 编辑器，插入一个模块，在模块的"代码"窗口中输入如下程序代码。

```
Sub 打开文件()
    Dim s As Boolean
    s = Application.FindFile
    If s = True Then
        MsgBox "Excel 文件打开成功"
    Else
```

```
        MsgBox "您已经取消了打开文件操作"
    End If
End Sub
```

第二步：按【F5】键运行程序，程序将打开"打开"对话框，在对话框中选择需要打开的 Excel 文件，如图 4-15 所示。单击【打开】按钮，将打开选择的文件，程序也将给出相应提示，如图 4-16 所示。如果单击对话框中的【取消】按钮，程序同样给出提示，如图 4-17 所示。

图 4-15　在打开对话框中选择需要打开的文件

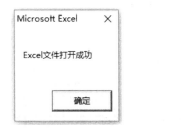

图 4-16　提示文件打开成功　　　图 4-17　提示取消了打开操作

代码解释

程序根据 FindFile 方法的返回值进行判断，当返回 True 时，提示"Excel 文件打开成功"；当返回 False 时，提示"您已经取消了打开文件操作"。

4. OnKey 方法

该方法可以为某个宏或者 Sub 过程指定快捷键。OnKey 方法的语法格式如下。

表达式.OnKey(Key,Procedure)

参数含义

- Key：String 类型，必选参数。该参数表示按键的字符串，如表 4-1 所示，也可以指定任何与 Alt、Ctrl 或 Shift 组合使用的键，还可以指定这些键的任何组合方式，如表 4-2 所示。
- Procedure：Variant 类型，可选参数。该参数为一个字符串，指示要运行的过程的名称。

表 4-1   按键和代码对应关系表

按　键	代　码	按　键	代　码
Backspace	{BACKSPACE}或 {BS}	Enter	{ENTER}
Break	{BREAK}	Esc	{ESCAPE} 或 {ESC}
Caps Lock	{CAPSLOCK}	Help	{HELP}
Clear	{CLEAR}	Home	{HOME}
Delete 或 Del	{DELETE} 或 {DEL}	Ins	{INSERT}
向上键	{UP}	F1 到 F15	{F1}到{F15}
向下键	{DOWN}	Tab	{TAB}
向左键	{LEFT}	PageUp	{PGUP}
向右键	{RIGHT}	PageDown	{PGDN}
End	{END}		

表 4-2   要组合的键和代码对应关系表

要组合的键	在键代码之前添加
Shift	+
Ctrl	^
Alt	%

第一步：启动 Excel 并创建一个空白工作簿，打开 Visual Basic 编辑器，插入一个模块，在模块的"代码"窗口中输入如下程序代码。

```
Sub  为过程指定组合键()
    Application.OnKey "+{a}", "TestOnKey"
End Sub
Sub TestOnKey()
    MsgBox "当前快捷键为 Shift+a,关闭此对话框后快捷键将取消。"
    Application.OnKey "+{a}"
End Sub
```

图 4-18   程序给出提示信息

第二步：将光标放置到第 2 行中，按【F5】键运行"为过程指定组合键"Sub 过程。切换到 Excel，按【Shift+a】组合键，程序给出提示对话框，如图 4-18 所示。单击对话框中的【确定】按钮，对话框关闭，同时指定的快捷键将取消。

代码解释

该段程序一共有两个过程，"为过程指定组合键"的 Sub 过程用于为 TestOnKey 过程指定启动的快捷键。TestOnKey 过程在 Excel 中演示指定快捷键后的运行效果，关闭该对话框后将取消指定的快捷键。需要注意的是，在指定快捷键时，应该使用键盘上使用较少的键；在退出应用程序时，最好取消对快捷键的指定，可以有效地避免指定的快捷键与 Excel 或其他应用程序快捷键间的冲突。

5. Quit 方法

该方法可以在 VBA 程序中实现 Excel 应用程序的退出。Quit 方法的语法格式如下。

表达式. Quit

第一步：启动 Excel 并创建一个空白工作簿，打开 Visual Basic 编辑器，插入一个模块，在模块的"代码"窗口中输入如下程序代码。

```
Sub  退出 Excel 应用程序()
    msg = MsgBox("您确定退出 Excel 吗", vbOKCancel, "提示")
    If msg = vbOK Then
        Application.Quit
    Else
        Exit Sub
    End If
End Sub
```

第二步：按【F5】键运行程序。程序给出提示对话框，如图 4-19 所示。单击对话框中的【确定】按钮，将退出 Excel，如果经过修改的文档没有保存，Excel 将弹出提示信息对话框，如图 4-20 所示，提示用户对工作簿的保存；单击对话框中的【取消】按钮，Excel 程序窗口将不会关闭。

图 4-19　程序提示是否确定退出　　　图 4-20　程序给出是否保存的提示信息

代码解释

程序根据 MsgBox 函数的返回值进行判断，用户单击【确定】按钮，程序调用 Quit 方法退出 Excel 应用程序；用户单击【取消】按钮，Excel 程序窗口将不会关闭。

6. Goto 方法

该方法可以在工作簿中快速选择单元格或者单元格区域。Goto 方法的语法格式如下。

表达式. Goto Reference: =参数, Scroll: =参数

参数含义

● Reference：Variant 类型，可选参数。该参数指明目标区域，可以是一个 Range 对象，一个字符串，包含 R1C1- 样式的记号以单元格引用或包含 Visual Basic 过程名称的字符串。如果省略该参数，则最终是用 Goto 方法选择的最后一个区域。

● Scroll：Variant 类型，可选参数。该参数为 True 时，滚动窗口，直至区域的左上角出现在窗口的左上角为上；该参数为 False 时，则不滚动窗口；默认值为 False。

第一步：启动 Excel 并创建一个空白工作簿，打开 Visual Basic 编辑器，插入一个模块，在模块的"代码"窗口中输入如下程序代码。

```
Sub 快速选择指定的单元格区域()
    Application.Goto reference:=Worksheets("sheet1"). _
    Range("A3:C5"), scroll:=True
End Sub
```

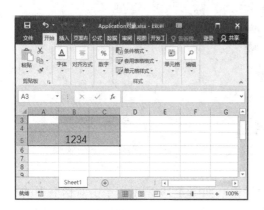

图 4-21　选择 A3:C5 单元格区域

第二步：按【F5】键运行程序。程序选择 Sheet1 工作表中的 A3:C5 单元格区域，如图 4-21 所示。

代码解释

程序使用 Goto 方法实现对指定工作表中的指定单元格区域的引用。

7. Union 方法

该方法能够返回两个或多个单元格区域的合并区域。Union 方法的语法格式如下。

表达式. Union(Arg1, Arg2, … Arg30)

参数含义

Arg1, Arg2, … Arg30：用于指定需要合并的单元格区域。需要合并的 Range 对象区域范围为 2～30 个。

第一步：启动 Excel 并创建一个空白工作簿，打开 Visual Basic 编辑器，插入一个模块，在模块的"代码"窗口中输入如下程序代码。

```
Sub 合并单元格区域()
    Worksheets("sheet1").Activate
    Set myRange = Application.Union( _
    Range("A2:C5"), Range("A3:C10"))
    myRange.Formula = "=int(rand()*91+10)"
End Sub
```

第二步：按【F5】键运行程序。程序选择 Sheet1 工作表中的 A2:C10 单元格区域中生成 10～100 的随机整数，如图 4-22 所示。

代码解释

程序使用 Union 方法将 A2:C5 单元格区域和 A3:C10 单元格区域合并为 Range 对象，并使用 Formula 方法为合并单元格区域添加公式，填充 10～100 的整数。

8. Inputbox 方法

该方法与 VBA 的内置函数 Inputbox 函数一样，可以获得输入对话框，且样式相同，参数的设置也基本相同，但是 Inputbox 方法可以指定返回的数据类型。Inputbox 方法的语法

图 4-22　在 A2:C10 单元格区域中生成随机整数

格式如下。

表达式.Inputbox(Prompt,Title,Default,Left,Top,HelpFile,HelpContextID,Type)

参数含义

其参数含义与 InputBox 函数基本相同，只是其 Type 参数可以指定返回值的类型，Type 参数允许使用的值及其意义如表 4-3 所示。

表 4-3　Type 参数允许使用的值及其意义

值	含　义
0	公式
1	数字
2	文本（字符串）
4	逻辑值
8	单元格引用，作为一个 Range 对象
16	错误值，如 "#N/A"
64	数值数组

第一步：启动 Excel 并创建一个工作表，在工作表中选择需要输入公式的单元格，如图 4-23 所示。

图 4-23　创建表格并选择单元格

第二步：打开 Visual Basic 编辑器，插入一个模块，在模块的"代码"窗中输入如下程序代码。

```
Sub 向选定的单元格输入公式()
    Dim myPrompt As String, mytitle As String
    myPrompt = "请输入计算公式!"
    mytitle = "输入公式"
    Selection.Value = Application.InputBox(prompt:= _
    myPrompt, Title:=mytitle, Type:=0)
End Sub
```

第三步：按【F5】键运行程序。程序将打开输入对话框，在对话框中输入公式，如图 4-24

所示。单击【确定】按钮关闭对话框，选择单元格将获得公式计算的结果，如图 4-25 所示。

图 4-24　在对话框中输入公式	图 4-25　选择单元格获得计算结果

代码解释

程序使用 InputBox 方法来获得用户的输入，且在使用该方法时，将 Type 参数设置为 0，并输入设定公式，则指定单元格能够直接获得该公式的计算结果。

4.1.3　事件

Application 对象的事件将能够影响到所有打开的工作簿，它是应用程序级的事件，且因为 VBA 没有为其提供事件窗口，使用方法略有不同。本节将介绍 Application 事件的一些典型应用。

1. 如何使用 Application 事件

在 VBA 中并没有一个预定的容器存放 Application 事件，在程序中要使用 Application 对象事件，必须新建一个类模块并声明一个带有事件的 Application 对象，然后以这个对象作为容器来创建事件响应代码。即首先创建类模块并为其命名；再编写类代码，在类代码中首先声明 Application，然后编写该对象的事件响应代码；最后创建模块，在模块中声明类变量，在模块的 Sub 过程中将需要使用的类变量实例化。下面以 Application 对象的 NewWorkBook 事件为例来进行说明。

第一步：启动 Excel 并创建一个工作表，切换到 Visual Basic 编辑器，在"工程资源管理器"中单击鼠标右键，选择关联菜单中的"插入 |类"模块命令插入一个类模块。在"属性"面板的"名称"栏中设置类模块的名称，如图 4-26 所示。

第二步：在类模块的"代码"窗口中输入如下程序代码。

```
Public WithEvents AppEvent As Application
Private Sub AppEvent_NewWorkbook(ByVal wb As Workbook)
    Application.Windows.Arrange xlArrangeStyleVertical
End Sub
```

第三步：在"工程资源管理器"中插入一个模块，在模块的"代码"窗口中输入如下的程序代码：

```
Dim myAppEvent As New myClass
Sub  程序初始化()
    Set myAppEvent.AppEvent = Application
    MsgBox "事件运行成功。请新建工作簿，查看运行效果。"
End Sub
```

第四步：将光标放置到"程序初始化"过程代码中，按【F5】键运行程序。程序给出提示对话框，如图 4-27 所示。切换到 Excel，按【Ctrl+N】组合键创建一个新工作簿，工作簿窗口将在屏幕上垂直排列，如图 4-28 所示。

图 4-26　插入类模块　　　　　　　　图 4-27　程序给出提示对话框

图 4-28　程序窗口在屏幕上垂直排列

代码解释

程序创建名为 myClass 的类模块，并在其中声明为 AppEvent 的 Application 对象。在模块代码中，将 myAppEvent 声明为 myClass 类对象，并使用 Set 关键字将其实例化。

2. 激活工作表时触发的事件

Application 对象提供了当其子对象发生变化时产生响应的事件，如 SheetActive 事件，使用该事件能够在激活工作表时对工作表进行一些初始化操作。

第一步：启动 Excel 并创建一个工作表，切换到 Visual Basic 编辑器，在"工程资源管理器"中插入一个类模块，将其命名为 myApp，在类模块的"代码"窗口中输入如下程序代码。

```
Public WithEvents AppEvent As Application
Private Sub AppEvent_SheetActivate(ByVal sh As Object)
    MsgBox "当前工作表名称为:" & sh.Name
End Sub
```

第二步：在"工程资源管理器"中插入一个模块，在模块的"代码"窗口中输入如下的程序代码。

```
Dim myAppEvent As New myClass
Sub  程序初始化()
    Set myAppEvent.AppEvent = Application
    MsgBox "事件已经准备就绪"
End Sub
```

第三步：将光标放置到"程序初始化"过程代码中，按【F5】键运行程序。程序将进行对象的初始化并给出提示信息，如图 4-29 所示。切换到 Excel，选择工作簿中的任意一个工作表，程序将给出提示信息，如图 4-30 所示。

图 4-29　程序给出提示对话框　　　图 4-30　程序给出工作表信息

代码解释

程序创建名为 myClass 的类模块，在其中声明名为 AppEvent 的 Application 对象，并创建 SheetActivate 事件响应程序，当工作簿中的工作表被激活时该事件被触发，事件响应程序被执行，在提示对话框中显示有关信息。在模块代码中，主要是声明类对象，并使类对象实例化。

3. 激活工作簿时触发的事件

Application 对象的 WindowActivate 事件发生在任意工作簿窗口被激活的时候。

第一步：启动 Excel 并创建一个工作表，切换到 Visual Basic 编辑器，在"工程资源管理器"中插入一个类模块，将其命名为 myApp，在类模块的"代码"窗口中输入如下程序代码。

```
Public WithEvents AppEvent As Application
Private Sub AppEvent_WindowActivate(ByVal wb As Workbook, ByVal wn As Window)
    wb.Windows(wn.Index).WindowState = xlMaximized
End Sub
```

第二步：在"工程资源管理器"中插入一个模块，在模块的"代码"窗口中输入如下的程序代码。

```
Dim myAppEvent As New myClass
Sub  程序初始化()
```

```
        Set myAppEvent.AppEvent = Application
        MsgBox "事件已经准备就绪,激活另一个 Excel 程序窗口将其最大化"
End Sub
```

第三步：将光标放置到"程序初始化"过程代码中，按【F5】键运行程序。程序将进行对象的初始化并给出提示信息，如图 4-31 所示。此时，在 Excel 程序窗口间切换，激活的 Excel 程序窗口将最大化。

图 4-31　程序给出提示对话框

代码解释

程序创建名为 myClass 的类模块，在其中声明名为 AppEvent 的 Application 对象，并创建 WindowActivate 事件响应程序，当工作簿被激活时该事件被触发，使激活的程序窗口最大化。

4. 关闭工作簿时触发的事件

Application 对象的 WorkbookBeforeClose 事件，发生在 Excel 应用程序窗口关闭的时候。

第一步：启动 Excel 并创建一个工作表，切换到 Visual Basic 编辑器，在"工程资源管理器"中插入一个类模块，将其命名为 myApp，在类模块的"代码"窗口中输入如下程序代码。

```
Public WithEvents AppEvent As Application
Private Sub AppEvent_WorkbookBeforeClose(ByVal wb As Workbook, Cancel As Boolean)
        If MsgBox("您是否确认关闭工作簿", vbYesNo) = vbYes Then
                wb.Close
        Else
                Cancel = True
        End If
End Sub
```

第二步：在"工程资源管理器"中插入一个模块，在模块的"代码"窗口中输入如下的程序代码。

```
Dim myAppEvent As New myClass
Sub  程序初始化()
        Set myAppEvent.AppEvent = Application
        MsgBox "事件已经准备就绪,关闭 Excel 程序窗口时将给出提示"
End Sub
```

第三步：将光标放置到"程序初始化"过程代码中，按【F5】键运行程序。程序将进行对象的初始化并给出提示信息，如图 4-32 所示。当关闭某个 Excel 应用程序窗口时，Excel 给出对话框提示是否关闭工作簿，如图 4-33 所示，单击【是】按钮，工作簿将被关闭。

代码解释

程序创建名为 myClass 的类模块，在其中声明名为 AppEvent 的 Application 对象，并创建 WorkbookBeforeClose 事件响应程序，当工作簿被关闭时该事件被触发，程序出现是否关闭工作簿的提示框。

图 4-32　程序给出提示对话框

图 4-33　程序提示是否关闭工作簿

4.2　与 Excel 对话的最高层对象——工作簿

在 Excel VBA 中，表示工作簿的关键字有 Workbooks（工作簿集合对象）和 Workbook（工作簿对象）。两者之间是集合与集合中对象的关系，即 Workbooks 是 Workbook 的集合。

在 Excel VBA 中区分集合与非集合对象的方法很简单，即看该对象有没有后缀"s"。

Workbook 对象位于 Application 对象的下一个层次，一个 Workbook 对象代表一个 Excel 工作簿文件，包括工作表对象 WorkSheet、单元格区域对象 Range 以及图标对象 Chart 等。使用 Workbook 对象，用户可以实现工作表的创建、激活、关闭等多种操作。对 Workbook 对象的操作，是对 Excel 工作表和单元格等对象进行操作的基础。

4.2.1　常用属性

1. Name 属性

该属性返回一个 String 值，它代表对象的名称，且该名称带有扩展名。

第一步：启动 Excel 并创建一个空白工作簿，打开 Visual Basic 编辑器，插入一个模块，在模块的"代码"窗口中输入如下程序代码。

```
Sub 判断工作簿是否打开()
    Dim wb As Workbook
    Dim wbName As String
    wbName = InputBox("请输入需要查询的工作簿名")
    For Each wb In Workbooks
        If wb.Name = wbName Then
            MsgBox "查询的工作簿已打开"
        Else
            MsgBox "查询的工作簿尚未打开"
        End If
    Next
End Sub
```

第二步：按【F5】键运行程序，程序将给出输入对话框，在对话框中输入需要查询的工作簿名，如图 4-34 所示。如果输入的工作簿已打开，Excel 则提示该工作簿已打开，如图 4-35 所示；如果输入的工作簿未打开，Excel 则提示该工作簿尚未打开，如图 4-36 所示。

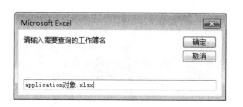  

图 4-34 在输入对话框中输入查询的工作簿名　图 4-35 提示工作簿已打开　图 4-36 提示工作簿尚未打开

代码解释

程序使用 For Each In⋯Next 结构遍历 Workbooks 对象集合中的所有对象，并对每个对象进行判断，如果与用户输入的工作簿名称一致，则说明该工作簿已经打开，否则说明工作簿尚未打开。

2. Saved 属性

该属性返回一个 Boolean 值，代表指定工作簿从上次保存到目前为止的更改状态，如果已更改，则返回 False；如果未更改，则返回 True。

第一步：启动 Excel 并创建一个空白工作簿，打开 Visual Basic 编辑器，插入一个模块，在模块的"代码"窗口中输入如下程序代码。

```
Sub 判断工作簿修改后是否保存()
    Dim wb As Workbook
    Set wb = Workbooks("Workbook 对象.xlsx")
    If Not wb.Saved Then
        MsgBox "工作簿" & wb.Name & 的内容已发生改变
    Else
        MsgBox "工作簿" & wb.Name & 的内容尚未发生改变
    End If
End Sub
```

第二步：按【F5】键运行程序，根据判断工作簿状态的不同，系统将给出不同的提示内容，分别如图 4-37、图 4-38 所示。

图 4-37 提示工作簿内容已改变

图 4-38 提示工作簿内容尚未改变

代码解释

程序使用 If 结构判断工作簿在发生更改后是否保存，并给出不同的提示信息。

3. FullName 属性和 Path 属性

Name 属性仅能返回工作簿的名称，如果要获取工作簿带有完整保存路径的名称，则需要使用 FullName 属性；如果只需要获取工作簿保存路径，则需要使用 Path 属性。

第一步：启动 Excel 并创建一个空白工作簿，打开 Visual Basic 编辑器，插入一个模块，在模块的"代码"窗口中输入如下程序代码：

```
Sub 获取工作簿名称和保存路径()
    MsgBox ThisWorkbook.FullName
    MsgBox ThisWorkbook.Path
End Sub
```

第二步：按【F5】键运行程序，系统出现 FullName 属性的提示内容，如图 4-39 所示，单击【确定】按钮，系统出现 Path 属性的提示内容，如图 4-40 所示。

图 4-39　提示包含完整路径的工作簿名称　　　　图 4-40　提示工作簿的路径

代码解释

程序使用 MsgBox 函数分别给出工作簿完整路径名称的提示，以及仅有路径的提示。

4. PassWord 属性

该属性能够获取工作簿的权限密码，同时通过设置该属性值也可以对权限密码进行设置。

第一步：启动 Excel 并创建一个空白工作簿，打开 Visual Basic 编辑器，插入一个模块，在模块的"代码"窗口中输入如下程序代码。

```
Sub 设置工作簿的打开密码()
    Dim pwd As String
    pwd = Application.InputBox("请设置密码")
    If pwd <> "False" And pwd <> "" Then
        ThisWorkbook.Password = pwd
        MsgBox "密码设置完成，下面将保存当前文档"
        ThisWorkbook.Save
    Else
        MsgBox "密码设置有误"
    End If
End Sub
```

第二步：按【F5】键运行程序，系统将打开"输入"对话框，用户设置密码，如图 4-41 所示，单击【确定】按钮，系统给出提示内容，如图 4-42 所示，再次打开该工作簿时，Excel 则会要求输入密码；如果在"输入"对话框中单击了【取消】按钮，程序则给出密码设置有误的提示，如图 4-43 所示。

图 4-41　输入密码　　　　图 4-42　程序给出提示　　图 4-43　程序提示密码设置有误

代码解释

程序使用 PassWord 属性对工作簿进行密码设置，当用户设置完成后，使用 If 语句进行设置是否正确的判断，再进行工作簿保存，或者进行"密码设置有误"的提示。

5. HasPassWord 属性

该属性返回的值为 Boolean 类型，用于判断工作簿是否具有密码保护。

第一步：启动 Excel 并创建一个空白工作簿，打开 Visual Basic 编辑器，插入一个模块，在模块的"代码"窗口中输入如下程序代码：

```
Sub 判断工作簿是否加密()
    If ThisWorkbook.HasPassword Then
        MsgBox "工作簿已加密"
    Else
        MsgBox "⊥作簿未加密"
    End If
End Sub
```

第二步：按【F5】键运行程序，系统将根据工作簿是否加密的情况，给出不同的提示信息，如图 4-44、图 4-45 所示。

图 4-44　程序给出已加密提示　　　　图 4-45　程序给出未加密提示

代码解释

程序对只读的 HasPassWord 属性进行判断，并给出相应的提示信息。

4.2.2　常用方法

1. Open 方法

使用该方法可以打开工作簿文件，同时必须指明工作簿的保存路径。Open 方法的语法格式如下。

表达式. Open FileName, PassWord, WriteResPassWord

参数含义

- FileName：Variant 类型，可选参数。该参数是需要打开工作簿的文件名。
- PassWord：Variant 类型，可选参数。该参数是打开受保护工作簿所需的密码。
- WriteResPassWord：Variant 类型，可选参数。该参数是写入受保护工作簿所需的密码。

第一步：启动 Excel 并创建一个空白工作簿，打开 Visual Basic 编辑器，插入一个模块，在模块的"代码"窗口中输入如下程序代码。

```
Sub 打开指定的工作簿()
    Workbooks.Open Filename:="C:\Users\Administrator\Desktop _ \vba_book\Workbook 对象.xlsx",
Password:= "tf-swufe"
End Sub
```

第二步：按【F5】键运行程序，程序将打开"Workbook 对象.xlsx"的工作簿。

代码解释

程序使用 Open 方法打开已设置密码为"tf-swufe"的工作簿"Workbook 对象.xlsx"。

2. Save 方法

使用该方法可以保存指定的工作簿，但不会关闭工作簿，类似于 Excel 中的"保存"命令。Save 方法的语法格式如下。

表达式. Save

代码 1：

```
Workbooks("ok.xls").Save
```

代码 2：

```
Activeworkbook.Save
```

代码解释

- 代码 1：保存指定的工作簿。
- 代码 2：保存当前的工作簿。

3. SaveAs 方法

该方法比 Save 方法更加灵活，能够指定工作簿保存的位置等，类似于 Excel 中的"另存为"命令。SaveAs 方法的语法格式如下。

表达式. SaveAs FileName

参数含义

FileName：Variant 类型，可选参数。该参数可以包含完整路径，如果不指定路径，Excel 将文件保存到当前文件夹中。

第一步：启动 Excel 并创建一个空白工作簿，打开 Visual Basic 编辑器，插入一个模块，在模块的"代码"窗口中输入如下程序代码。

```
Sub 另存工作簿()
    Dim wb As Workbook
```

```
        Dim myFileName As String
        Set wb = ThisWorkbook
        myFileName = Application.GetSaveAsFilename("Excel 工作簿(*.xlsx),*.xlsx")
        If myFileName = "False" Then
            MsgBox "您取消了工作簿的保存"
            Exit Sub
        End If
        wb.SaveAs Filename:=myFileName
End Sub
```

第二步：按【F5】键运行程序，程序将打开"另存为"对话框，使用对话框可以设置文档保存的文件夹和名称，如图 4-46 所示。单击【保存】按钮，工作簿将以指定的文档名保存在指定的文件夹中。如果单击【取消】按钮，程序则给出提示对话框，如图 4-47 所示。

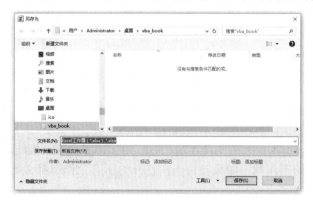

图 4-46　"另存为"对话框　　　　图 4-47　程序给出取消工作簿保存提示

代码解释

程序使用 Application 对象的 GetSaveAsFilename 方法获得"另存为"对话框，再根据该方法的返回值，判断用户单击的按钮，并作出文件另存或者给出相应系统提示。

4. Add 方法

该方法可以创建一个新的工作簿。Add 方法的语法格式如下。

Workbooks.Add

第一步：启动 Excel 并创建一个空白工作簿，打开 Visual Basic 编辑器，插入一个模块，在模块的"代码"窗口中输入如下程序代码。

```
Sub 新建工作簿()
    Workbooks.Add
    ActiveWorkbook.SaveAs "E:\test.xlsx"
End Sub
```

第二步：按【F5】键运行程序，程序将新建一个工作簿，用户可以在 E 盘下进行查看。

代码解释

程序新建一个工作簿，并保存在 E 盘中，命名为"test.xlsx"。

5. Close 方法

该方法可以关闭工作簿。Close 方法的语法格式如下。

对象. Close(SaveChanges, Filename, RoutWorkbook)

参数含义

- SaveChanges：Variant 类型，可选参数。该参数用于指定在关闭工作簿时是否保存。如果其值为 True，则表示保存；如果其值为 False，则表示不保存。
- Filename：Variant 类型，可选参数。该参数用于指定保存工作簿时的文件名。
- RoutWorkbook：Variant 类型，可选参数。该参数用于指定是否将工作簿传送给下一个收件人。

第一步：启动 Excel 并创建一个空白工作簿，打开 Visual Basic 编辑器，插入一个模块，在模块的"代码"窗口中输入如下程序代码。

```
Sub 关闭工作簿()
    Application.DisplayAlerts = False
    ThisWorkbook.Close saveChanges:=True
End Sub
```

第二步：按【F5】键运行程序，程序将关闭工作簿并自动保存。

代码解释

程序使用 Application 对象的 DisplayAlerts 属性设置为 False，使 Excel 的提示信息对话框不显示，再使用 Close 方法关闭当前的工作簿。如果要将当前打开的所有工作簿都关闭，可以使用 Workbooks.Close 语句。

6. Protect 方法

该方法可以对工作簿的结构进行锁定，以禁止未授权用户对工作簿进行结构修改。Protect 方法的语法格式如下。

表达式. Close [PassWord, Structure, Windows]

参数含义

- PassWord：Variant 类型，可选参数。该参数用于设置工作簿的保存密码。
- Structure：Variant 类型，可选参数。该参数值为 True 时，将保护工作簿结构，值为 False 时将不保护，其默认值为 False。
- Windows：Variant 类型，可选参数。该参数值为 True 时将保护工作簿窗口，值为 False 时将不保护，其默认值为 False。

第一步：启动 Excel 并创建一个空白工作簿，打开 Visual Basic 编辑器，插入一个模块，在模块的"代码"窗口中输入如下程序代码。

```
Sub 保护工作簿()
    Dim pwd As String
    pwd = Application.InputBox("请输入打开密码")
    If pwd <> "False" And pwd <> "" Then
        ThisWorkbook.Protect Password:=pwd, Structure:=True, Windows:=True
        MsgBox "您已设置完成，工作簿处于保护中"
```

```
        Else
            MsgBox "密码设置有误，未启用保护"
        End If
End Sub
```

第二步：按【F5】键运行程序，程序将打开"输入"对话框，用户在对话框中输入密码，如图 4-48 所示。单击【确定】按钮，程序给出相应提示，如图 4-49 所示。此时工作簿处于保护状态，如果在工作表标签上单击鼠标右键，在弹出的菜单中"插入""删除""重命名"等命令为不可用，如图 4-50 所示。

图 4-48　用户设置保护密码　　　　　　图 4-49　程序提示工作簿处于保护中

代码解释

程序用 Protect 方法保护工作簿时，使用 PassWord 参数设置保护密码，将 Structure 和 Windows 参数设置为 True，实现对工作簿结构和窗口的保护。如果要取消工作簿保护密码，可以使用 UnProtect 方法；也可以单击 Excel "审阅"选项卡，再单击"更改"组中的"保护工作簿"选项，打开"撤销工作簿保护"对话框，在对话框中输入密码后同样可以取消对工作簿的保护，如图 4-51 所示。

图 4-50　在弹出菜单中某些命令不可用　　　　图 4-51　撤销工作簿保护

4.2.3　常用事件

Workbook 对象事件就是能触发程序运行的工作簿操作，它可以影响到工作簿内的工作表，编写对应事件驱动的应用程序，能够方便地实现对工作簿的管理、操作。

1. 打开工作簿时触发的事件

Open 事件是工作簿对象的默认事件，当打开工作簿时该事件被触发，且该事件的响应在工作簿打开后不会再次被触发，一般用来实现程序初始化操作。

第一步：启动 Excel 并打开一个工作簿，打开 Visual Basic 编辑器，在"工程资源管理器"中双击 ThisWorkbook 选项打开"代码"窗口，在"对象"列表中选择 Workbook 选项，在"事件"列表中选择 Open 事件，如图 4-52 所示。

第二步：在"代码"窗口中输入完整的事件响应程序，程序代码如下所示。

```
Private Sub Workbook_Open()
    MsgBox "当前日期" & Date & ",当前时间:" & Time
End Sub
```

第三步：保存文档后关闭工作簿。当再次打开该工作簿时，会弹出如图 4-53 所示的提示对话框。

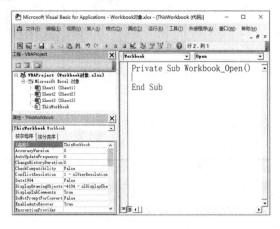

图 4-52　创建 Open 事件响应结构

图 4-53　打开文件时的提示

代码解释

程序使用 MsgBox 函数返回打开工作簿时的日期和时间。当工作簿每次被打开时，Open 事件的代码都将被自动执行。

2. 激活工作簿时触发的事件

Activate 事件将在工作簿成为活动工作簿时触发，该事件的触发有如下两种情况。

（1）工作簿被打开，在 Open 事件发生后触发。

（2）从一个工作簿切换到本工作簿时触发。

第一步：启动 Excel 并打开一个工作簿，打开 Visual Basic 编辑器，在"工程资源管理器"中双击 ThisWorkbook 选项打开"代码"窗口，在"对象"列表中选择 Workbook 选项，在"事件"列表中选择 Activate 事件，事件响应程序代码如下所示。

```
Private Sub Workbook_Activate()
    MsgBox "当前工作簿已被激活,为活动工作簿"
End Sub
```

第二步：保存文档后关闭工作簿。当再次打开该工作簿时，或者从另一个工作簿切换到当前工作簿时，会弹出如图 4-54 所示的提示对话框。

3．保存工作簿之前触发的事件

BeforeSave 事件将在工作簿被正式保存前触发。该事件过程有两个参数，当保存工作簿时，如果出现了"另存为"对话框，则参数 SaveAsUI 值为 True，否则为 False。Cancel 参数在事件被触发时的值为 False，表示将进行保存操作；如果其值设置为 False，则工作簿不会被保存。

第一步：启动 Excel 并打开一个工作簿，打开 Visual Basic 编辑器，在"工程资源管理器"中双击 ThisWorkbook 选项打开"代码"窗口，在"对象"列表中选择 Workbook 选项，在"事件"列表中选择 BeforeSave 事件，事件响应程序代码如下所示。

```
Private Sub Workbook_BeforeSave(ByVal SaveAsUI As Boolean, Cancel As Boolean)
    msg = MsgBox("是否确认保存当前工作簿", vbOKCancel)
    If msg = vbCancel Then
        Cancel = False
    End If
End Sub
```

第二步：当对工作簿进行保存操作时，程序将打开提示对话框，如图 4-55 所示。

图 4-54　激活工作簿时的提示

图 4-55　提示是否保存工作簿 1

代码解释

程序将 BeforeSave 事件的 Cancel 参数设置为 False，保存操作将被取消。

4．关闭工作簿之前触发的事件

BeforeClose 事件将在工作簿被关闭前触发。该事件过程中的 Cancel 参数，如果该参数设置为 True，则将停止对工作簿的关闭操作，其默认值为 False。

第一步：启动 Excel 并打开一个工作簿，打开 Visual Basic 编辑器，在"工程资源管理器"中双击 ThisWorkbook 选项打开"代码"窗口，在"对象"列表中选择 Workbook 选项，在"事件"列表中选择 BeforeClose 事件，事件响应程序代码如下所示。

```
Private Sub Workbook_BeforeClose(Cancel As Boolean)
    If Me.Saved = False Then
        msg = MsgBox("工作簿即将关闭，但尚未保存，是否保存", vbOKCancel)
        If msg = vbOK Then
            Me.Save
        Else
            Cancel = True
        End If
    End If
```

```
        End If
    End Sub
```

图 4-56　提示是否保存工作簿 2

第二步：当对工作簿进行关闭操作时，如果修改后的工作簿没有保存，程序将自动打开提示对话框，如图 4-56 所示。单击【确定】按钮则工作簿将被保存，单击【取消】按钮则不进行工作簿的保存操作，且工作簿不关闭。

代码解释

在程序中，如果 Cancel 参数没有设置为 True，则工作簿将被关闭。

5. 工作簿处于非活动状态时触发的事件

当工作簿由活动状态变为非活动状态时，将触发 Workbook 对象的 Deactivate 事件。该事件触发的范围非常广泛，比如关闭当前工作簿、创建新的工作簿、最小化工作簿、切换到其他工作簿等，都会触发该事件。具体使用方式可以参考 Activate 事件，此处不再举例说明。

6. 新建工作表时触发的事件

当用户在工作簿中插入一个新工作表时，将会触发 Workbook 对象的 NewSheet 事件。

第一步：启动 Excel 并打开一个工作簿，打开 Visual Basic 编辑器，在"工程资源管理器"中双击 ThisWorkbook 选项打开"代码"窗口，在"对象"列表中选择 Workbook 选项，在"事件"列表中选择 NewSheet 事件，事件响应程序代码如下所示。

```
Private Sub Workbook_NewSheet(ByVal Sh As Object)
    If TypeName(Sh) = "worksheet" Then
        With Sh
            .Name = "西南财经大学天府学院学生表"
            .Range("A1:C1") = Array("学号" "姓名" "专业")
            .Range("D10") = "工作表创建时间为："
            .Range("E10") = Now
        End With
    End If
End Sub
```

第二步：切换到 Excel，在工作表标签上单击鼠标右键，选择弹出菜单中的"插入"命令插入一张工作表，则在工作簿中创建名为"西南财经大学天府学院学生表"的新工作表，程序自动向指定单元格中写入标题文字和工作表创建的时间信息，如图 4-57 所示。

代码解释

在程序中使用 With 结构设置新建工作表的名称，并在指定单元格中写入相关数据。

图 4-57　创建新工作表并向单元格中写入指定数据

7. 工作表被激活时触发的事件

在工作簿中，任何一个工作表被激活时都将触发 Workbook 对象的 SheetActivate 事件。

第一步：启动 Excel 并打开一个工作簿，打开 Visual Basic 编辑器，在"工程资源管理器"中双击 ThisWorkbook 选项打开"代码"窗口，在"对象"列表中选择 Workbook 选项，在"事件"列表中选择 SheetActivate 事件，事件响应程序代码如下所示。

```
Private Sub Workbook_SheetActivate(ByVal Sh As Object)
    MsgBox "当前的工作表为:" & Sh.Name & vbCrLf & "当前 _
    工作表的保护状态为:" & Sh.ProtectContents
End Sub
```

第二步：切换到 Excel，单击工作表标签激活工作表，程序给出提示对话框，并给出当前激活的工作表名称和保护状态，如图 4-58 所示。

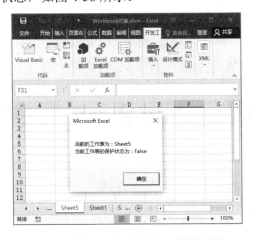

图 4-58　提示工作表名称、受保护状态

代码解释

在程序中使用 Sh.Name 语句获取激活工作表的名称；使用 Sh.ProtectContents 语句获取激活工作表的受保护状态，该属性值为 True 时，表示工作表内容处于受保护状态，其值为 False

时，表示工作表内容未受保护。

8. 用鼠标右键单击工作表时触发的事件

用鼠标右键单击工作簿的任意一个工作表时，将触发 Workbook 对象的 SheetBefore-RightClick 事件。

第一步：启动 Excel 并打开一个工作簿，打开 Visual Basic 编辑器，在"工程资源管理器"中双击 ThisWorkbook 选项打开"代码"窗口，在"对象"列表中选择 Workbook 选项，在"事件"列表中选择 SheetBeforeRightClick 事件，事件响应程序代码如下所示。

```
Private Sub Workbook_SheetBeforeRightClick(ByVal Sh As Object, ByVal Target As Range, Cancel As Boolean)
        Cancel = True
End Sub
```

第二步：切换到 Excel，在工作表中单击鼠标右键，右键弹出的菜单将不再出现。

代码解释

在程序中将 Cancel 参数设置为 True，即不执行默认的用鼠标右键单击操作，原来的右键弹出菜单也就不会出现。

4.3 操作的基本对象——工作表

工作表是操作 Excel 时必不可少的对象，也是编辑单元格对象的入口和载体。WorkSheets 对象与 WorkSheet 对象，也是集合与集合中对象的关系，即 WorkSheets 是 WorkSheet 的集合。

WorkSheets 对象集合代表了工作簿中的所有工作表，而 Excel 的数据操作，都是在工作表上进行的，使用 WorkSheet 对象能够实现工作表的各种操作。

与 Workbook 对象类似，WorkSheet 对象同样可以使用索引号来引用。工作表的索引号表示工作表在工作簿中的位置，即其在 Excel 标签栏上的位置。索引号从工作表标签栏最左侧的一个工作表开始由左向右依次计数，最左侧的工作表的索引号为 1，向右依次类推，在如图 4-59 所示的工作簿中，共有 3 个工作表，语句 WorkSheets(3)表示第 3 张工作表，即 Sheet3。

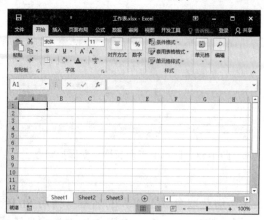

图 4-59　包含 3 张工作表的工作簿

4.3.1 常用属性

1. Name 属性

该属性返回一个 String 值，它代表工作表的名称。

第一步：启动 Excel 并创建一个空白工作簿，工作簿中包含三个工作表，如图 4-60 所示。

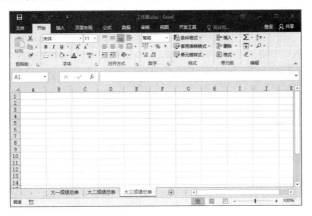

图 4-60　包含 3 个工作表的工作簿

第二步：打开 Visual Basic 编辑器，插入一个模块，在模块的"代码"窗口中输入如下程序代码。

```
Sub 显示当前工作表名称()
    Dim n As Integer
    For n = 1 To ThisWorkbook.Worksheets.Count
        Set ws = ThisWorkbook.Worksheets(n)
        MsgBox "第" & n & "个工作表名称为：" & ws.Name
    Next n
End Sub
```

第三步：按【F5】键运行程序，程序将依次在提示对话框中显示所有工作表的名称。

2. Cells 属性

该属性返回一个 Range 对象，它代表工作表中的所有单元格。

第一步：启动 Excel 并创建一个空白工作簿，打开 Visual Basic 编辑器，插入一个模块，在模块的"代码"窗口中输入如下程序代码。

```
Sub 设置单元格字体颜色()
    Dim myCells As Range
    Dim ws As Worksheet
    Set ws = Application.ActiveWorkbook.ActiveSheet
    Set myCells = ws.Cells(5, 3)
    myCells.Font.Color = RGB(0, 0, 255)
End Sub
```

第二步：按【F5】键运行程序，在 C5 单元格输入文本，文本的字体颜色为蓝色。

代码解释

Cells 表示一个单元格，行号、列号的序号均从 1 开始编号。

3. Columns 属性

该属性返回一个 Range 对象，它代表活动工作表中的所有列。如果活动文档不是工作表，则 Columns 属性失效。

第一步：启动 Excel 并创建一个空白工作簿，打开 Visual Basic 编辑器，插入一个模块，在模块的"代码"窗口中输入如下程序代码。

```
Sub 设置单元格字体样式()
    Dim myColumn As Range
    Dim ws As Worksheet
    Set ws = Application.ActiveWorkbook.ActiveSheet
    Set myColumn = ws.Columns(1)
    myColumn.Font.Bold = True
End Sub
```

第二步：按【F5】键运行程序，在第 1 列中输入的任何文本，都会以粗体显示。

4. Rows 属性

该属性返回一个 Range 对象，它代表活动工作表中的所有行。使用方法与 Columns 属性类似，此处不再举例说明。

5. Next 属性

该属性返回下一个 WorkSheet 对象，类似于【Tab】键功能。

第一步：启动 Excel 并创建一个空白工作簿，打开 Visual Basic 编辑器，插入一个模块，在模块的"代码"窗口中输入如下程序代码。

```
Sub 打印下一个单元格值()
    Dim ws As Worksheet
    Dim myCell As Range
    Dim nextCell As Range
    Set ws = Application.ActiveSheet
    Set myCell = ws.Cells(2, 1)
    Set nextCell = myCell.Next
    MsgBox myCell.Value
    MsgBox nextCell.Value
End Sub
```

第二步：按【F5】键运行程序，输出相应单元格的值。

代码解释

程序使用 MsgBox 函数输出 A2、B2 的值。

6. Previous 属性

该属性与 Next 属性含义相反,返回上一个 WorkSheet 对象。该属性与 Next 属性的使用方法类似,此处不再举例说明。

7. Visible 属性

该属性用于设置对象是否可见。如果属性值为 True,则该工作表可见;如果属性值为 False,则该工作表隐藏。

另外,Visible 属性还可以使用 xlSheetVisible 类型的常量进行设置,该类型常量包括 xlSheetVisible、xlSheetHidden 和 xlSheetVeryHidden,表示的意义如下。

xlSheetVisible:显示工作表,其对应数值为 0。

xlSheetHidden:隐藏工作表,用户可以通过菜单取消隐藏,其对应数值为 2。

xlSheetVeryHidden:隐藏工作表,用户无法使用菜单取消隐藏,只能通过将 Visible 属性设置为 True 或 xlSheetVisible,使其重新显示,该参数对应数值为-1。

第一步:启动 Excel 并创建一个空白工作簿,打开 Visual Basic 编辑器,插入一个模块,在模块的"代码"窗口中输入如下程序代码。

```
Sub 隐藏多个工作表()
    Sheets(Array("Sheet1", "Sheet2")).Visible = 0
End Sub
```

第二步:按【F5】键运行程序,隐藏指定的工作表。

代码解释

程序将工作表 Sheet1 和 Sheet2 隐藏,如果要取消工作表的隐藏,将 Visible 属性值设置为-1 即可。

4.3.2 常用方法

在 Excel 中,工作表的基本操作包括新建、删除、复制和移动等,使用 WorkSheet 对象的方法能够在 VBA 程序中较为容易地实现。

1. Add 方法

使用该方法可以在工作簿中创建新的工作表。Add 方法的语法格式如下。

表达式. Add(Before, After, Count, Type)

参数含义

- Before:Variant 类型,可选参数。该参数指定工作表的对象,新建的工作表将置于此工作表之前。
- After:Variant 类型,可选参数。该参数指定工作表的对象,新建的工作表将置于此工作表之后。
- Count:Variant 类型,可选参数。该参数代表要添加的工作表数,默认值为 1。
- Type:Variant 类型,可选参数。该参数指定工作表类型,可以是 xlSheetType 常量之一,即 xlWorksheet、xlChart、xlExcel4MacroSheet 或 xlExcel4IntlMacroSheet,分别表示工作表、图表、对话框工作表、Excel4 宏工作表和 Excel4 国际宏工作表。

第一步：启动 Excel 并创建一个空白工作簿，打开 Visual Basic 编辑器，插入一个模块，在模块的"代码"窗口中输入如下程序代码。

```
Sub 新建工作表()
    Dim myArray
    Worksheets.Add after:=Worksheets(Worksheets.Count), Count:=2
End Sub
```

第二步：按【F5】键运行程序，程序将在工作簿中已有的工作表后创建两张工作表。

代码解释

程序使用 Worksheets.Count 语句获得工作簿中所有工作表的个数，并以此作为 after 参数的值，表示在最后一个工作表后创建工作表。

2. Delete 方法

使用该方法可以实现工作表的删除。Delete 方法的语法格式如下。

表达式. Delete

第一步：启动 Excel 并创建一个空白工作簿，打开 Visual Basic 编辑器，插入一个模块，在模块的"代码"窗口中输入如下程序代码。

```
Sub 删除指定工作表()
    Dim ws As Worksheet, n As Integer
    n = 1
    For Each ws In Worksheets
    If ws.Name = "Sheet" & n Then
        ws.Delete
        n = n + 1
    End If
    Next
End Sub
```

第二步：按【F5】键运行程序，在删除过程中，每删除一个工作表，Excel 都会给出提示对话框，如图 4-61 所示，单击【删除】按钮，执行删除操作，操作完成后符合删除条件的工作表都会被删除，删除前工作簿如图 4-62 所示，删除后工作簿如图 4-63 所示。

图 4-61　删除过程中的提示对话框

代码解释

程序将删除工作簿名为"Sheet+数字"形式的所有工作表。如果删除的工作表较多，删除过程中不希望出现如图 4-61 所示的对话框，可以在删除操作前将 DisplayAlerts 属性设置为 False 即可。

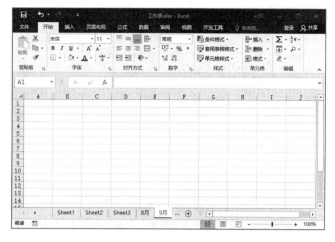

图 4-62 删除前工作簿

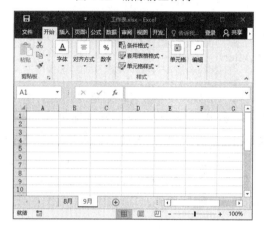

图 4-63 删除后工作簿

3. Select 方法

使用该方法可以实现对工作表的选择。Select 方法的语法格式如下。

表达式. Select(Replace)

参数含义

Replace：Variant 类型，可选参数。该参数可以将当前所选内容替换为指定的对象。

第一步：启动 Excel 并创建一个空白工作簿，打开 Visual Basic 编辑器，插入一个模块，在模块的"代码"窗口中输入如下程序代码。

```
Sub 选择指定工作表()
    Dim s As String, ws As Worksheet
    Sheets(Array(1, 3)).Select
End Sub
```

第二步：按【F5】键运行程序，工作表被选中后的结果，如图 4-64 所示。

代码解释

程序使用 Select 方法同时选择工作簿的第 1 个和第 3 个工作表。

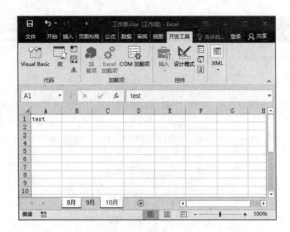

图 4-64 选中多个工作表

4. Copy 方法

使用该方法可以进行工作表的复制。Copy 方法的语法格式如下。

表达式. Copy (Before, After)

参数含义

● Before：Variant 类型，可选参数。该参数可以指定复制后工作表的位置在指定工作表之前。

● After：Variant 类型，可选参数。该参数可以指定复制后工作表的位置在指定工作表之后。

使用 Copy 方法时，Before 参数和 After 参数只能使用一个。如果两个参数同时使用或者省略了这两个参数，则程序将会创建一个新工作簿，将工作表复制到这个新的工作簿中。

第一步：启动 Excel 并创建一个空白工作簿，打开 Visual Basic 编辑器，插入一个模块，在模块的"代码"窗口中输入如下程序代码。

```
Sub 复制工作表()
    Worksheets("8 月").Copy After:=Worksheets.Item(Worksheets.Count)
End Sub
```

第二步：按【F5】键运行程序，工作表将被复制，复制前、后的工作簿分别如图 4-65、图 4-66 所示。

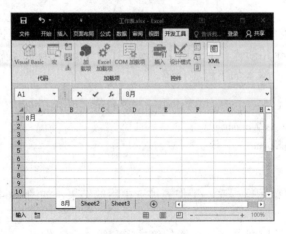

图 4-65　复制前

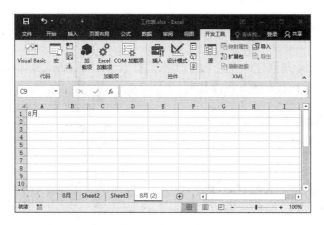

图 4-66　复制后

代码解释

程序使用 Copy 方法实现"8 月"工作表在工作簿内的复制。

5. Move 方法

使用该方法可以实现工作表的移动，即工作表的复制与删除操作。Move 方法的语法格式如下。

表达式. Move (Before, After)

参数含义

● Before：Variant 类型，可选参数。该参数可以指定移动后工作表的位置在指定工作表之前。

● After：Variant 类型，可选参数。该参数可以指定移动后工作表的位置在指定工作表之后。

Move 方法的使用类似 Copy 方法，此处不再举例说明。

6. Protect 方法

使用该方法可以实现对工作表的保护。Protect 方法的语法格式如下。

表达式. Protect (PassWord, DrawingObjects, Contents, Scenarios, UserInterfaceOnly)

参数含义

● PassWord：Variant 类型，可选参数。该参数为工作表设置区分大小写的密码。如果省略此参数，不用密码就可以取消对工作表的保护。否则，必须指定密码才能取消对工作表的保护。

● DrawingObjects：Variant 类型，可选参数。该参数如果为 True，则保护形状，默认值是 True。

● Contents：Variant 类型，可选参数。该参数如果为 True，则保护内容，默认值是 True。

● Scenarios：Variant 类型，可选参数。该参数如果为 True，则保护方案，默认值是 True。

● UserInterfaceOnly：Variant 类型，可选参数。该参数如果为 True，则保护用户界面，默认值是 True。

在 Excel 的"审阅"选项卡的"更改"组中单击"保护工作表"按钮，打开"保护工作表"对话框，如图 4-67 所示。此

图 4-67　"保护工作表"对话框

对话框实际上是 Protect 方法的直观显示,对话框的各设置项都可以使用 Protect 方法的参数来进行设置。

第一步:启动 Excel 并创建一个空白工作簿,打开 Visual Basic 编辑器,插入一个模块,在模块的"代码"窗口中输入如下程序代码。

```
Sub 保护工作表 Sheet2()
    Sheets("Sheet2").Protect Password:=tf
End Sub
```

第二步:按【F5】键运行程序,工作表将按照程序的设置处于保护状态,当更改单元格内容时,程序给出禁止更改操作的提示,如图 4-68 所示。

图 4-68　禁止更改单元格内容提示

代码解释

程序使用 Protect 方法对工作表 Sheet2 进行保护,并设置保护密码为"tf"。如果要撤销保护,可以使用 Unprotect 方法解除。

4.3.3　常用事件

当工作表被激活、工作表的单元格数据发生改变或数据透视表发生更改时,就会触发相关的事件,合理使用工作表事件,可以方便地实现对工作表的管理和控制。工作表事件和工作簿事件的区别是工作表事件只在本工作表内适用;而工作簿事件则在工作簿中所有的工作表内都适用。

1. 激活工作表时触发的事件

WorkSheet 对象的 Activate 事件在工作表成为活动工作表时触发。

第一步:启动 Excel 并打开一个工作簿,打开 Visual Basic 编辑器,在"工程资源管理器"中双击需要创建事件响应程序的工作表选项,将打开工作表的"代码"窗口,如图 4-69 所示。

图 4-69　指定工作表的"代码"窗口

第二步：在"代码"窗口中输入完整的事件响应程序，程序代码如下所示。

```
Private Sub Worksheet_Activate()
    If ActiveWindow.DisplayGridlines = True Then
        ActiveWindow.DisplayGridlines = False
    End If
End Sub
```

第三步：切换到 Excel 程序窗口，激活"8 月"工作表，如图 4-70 所示。

图 4-70　设置完成的工作表

代码解释

程序使用 Window 对象的 DisplayGridlines 属性设置工作表内是否有网格线显示。

2. 单元格数据发生变化时触发的事件

WorkSheet 对象的 Change 事件在工作表中单元格数据发生改变时触发，其中的 Target 参数可以获得内容发生改变的单元格或者单元格区域。

第一步：启动 Excel 并打开一个工作簿，打开 Visual Basic 编辑器，打开 Sheet2 工作表的"代码"窗口，输入事件响应程序，程序代码如下所示。

```
Private Sub Worksheet_Change(ByVal Target As Range)
    With Target
        If .Column >= 1 And .Column <= 3 Then
            If IsNumeric(.Value) = False Then
                MsgBox "本单元格只可以输入数字"
            End If
        End If
    End With
End Sub
```

第二步：切换到 Excel 程序窗口，激活 Sheet2 工作表，当在指定列中输入非数字时，程序给出提示，如图 4-71 所示。

代码解释

程序使用 IsNumeric 函数，要求 A 列、B 列、C 列单元格数据只能输入数字，否则给出提示。

图 4-71 程序提示单元格只能输入数字

3. 选择区域发生变化时触发的事件

WorkSheet 对象的 SelectionChange 事件在选择单元格区域发生改变时触发,其中的 Target 参数表示对被选择单元格或单元格区域的引用。

第一步:启动 Excel 并打开一个工作簿,打开 Visual Basic 编辑器,打开 Sheet2 工作表的"代码"窗口,输入事件响应程序,程序代码如下所示。

```
Private Sub Worksheet_SelectionChange(ByVal Target As Range)
    Rows(Target.Row).Interior.ColorIndex = 18
    Columns(Target.Column).Interior.ColorIndex = 18
End Sub
```

第二步:切换到 Excel 程序窗口,激活 Sheet3 工作表,当选中任意一个单元格时,单元格所在的行和列会自动填充颜色。

代码解释

Rows(Target.Row)和 Columns(Target.Column)返回选择单元格所在行和列的 Range 对象,ColorIndex 属性设置为 xlNone,可以取消对单元格颜色的填充。

4.4 操作的核心对象——单元格

单元格(Range)泛指工作表中的一个或多个单元格,处理数据实际上就是对单元格中的内容进行处理。在 VBA 中,WorkSheet 对象的下级对象是 Range 对象,对单元格的操作实际上就是通过设置 Range 对象的属性值,使用 Range 对象的方法来实现的。

4.4.1 单元格选取

要操作单元格,先需要确定操作哪个单元格。通过引用单元格选取所需要的 Range 对象,才能够对单元格中的数据进行操作。

1. 使用 Range 属性

该属性可以返回一个 Range 对象,该对象表示单个单元格或者一个单元格区域。使用 Range 属性可以方便实现对单元格或者单元格区域的引用。使用 Range 属性引用单元格一般使用下面的方式。

表达式. Range(Cell1, Cell2)

参数含义

- Range("A1"):表示单元格 A1。
- Range("专业"):表示已定义名称为"专业"的单元格。
- Range("A1:D6"):表示 A1:D6 单元格区域。
- Range("A:A, D:D, F:F"):表示 A 列、D 列、F 列。
- Range("1-7"):表示第 1~7 行。

● Range("1:1, 5:5, 7:7")：表示第 1 行、第 5 行和第 7 行。

第一步：启动 Excel 并创建一个空白工作簿，在工作表中选择单元格区域，在名称框中为选择的单元格区域命名，如图 4-72 所示。

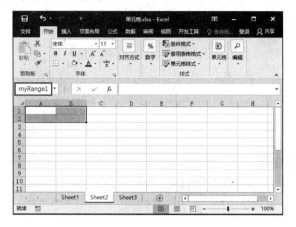

图 4-72　为选择单元格区域命名

第二步：打开 Visual Basic 编辑器，插入一个模块，在模块的"代码"窗中输入如下程序代码。

```
Sub 使用名称引用单元格区域()
    Dim myR As Range
    Set myR = Range("myRange1")
    myR.Select
End Sub
```

第三步：按【F5】键运行程序，程序将选择指定的单元格区域。

代码解释

程序使用 Select 方法选择引用的单元格区域。在名称框中为选择的单元格区域命名以后，一定要单击【Enter】键，这样才能够命名成功。

2. 使用 Cells 属性

该属性能够返回工作表或者单元格区域中指定行和列相交处的单元格。使用 Cells 属性引用单元格一般使用下面的方式。

表达式. Cells (i, j)

参数含义

● i：表示行号。

● j：表示列表，既可以是数字，也可以是字母。

如 Cells (2,6)，Cells (2, "F")，均表示单元格 F2。

另外，Cells 属性也可以作为 Range 属性的参数使用，如引用 A1:B5 单元格区域，可以使用如下语句。

Range(Cells(1,1), Cells(5,2))

第一步：启动 Excel 并创建一个空白工作簿，打开 Visual Basic 编辑器，插入一个模块，在模块的"代码"窗口中输入如下程序代码。

```
Sub 向单元格区域中输入数据()
    Dim n As Integer
    For n = 3 To 8
        Cells(1, n) = "成绩" & (n - 2)
    Next
    For n = 2 To 13
        Cells(n,1) = n - 1
    Next
End Sub
```

第二步：按【F5】键运行程序，程序向指定单元格中输入数据，如图 4-73 所示。

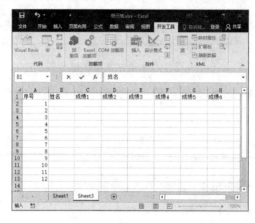

图 4-73   向指定单元格输入数据

3. 使用 Rows 属性和 Columns 属性

Rows 属性和 Columns 属性可以返回指定单元格区域中的行和列的集合。这两个属性的使用方法与 WorkSheets 相同，可以通过索引号引用单元格区域中的行或列。

Range 对象还提供了 Row 属性和 Column 属性，其中 Row 属性能够返回单元格区域中第一个子区域的第 1 行的行号；Column 属性可以返回指定区域中第 1 列的列号。

第一步：启动 Excel 并创建一个空白工作簿，打开 Visual Basic 编辑器，插入一个模块，在模块的"代码"窗口中输入如下程序代码。

```
Sub 向单元格区域中输入数据()
    Dim n As Integer
    For n = 3 To 8
        Range("1:1").Columns(n) = "成绩" & (n - 2)
    Next
    For n = 2 To 13
        Range("A:A").Rows(n) = n - 1
    Next
End Sub
```

第二步：按【F5】键运行程序，程序向指定单元格中输入数据，如图 4-73 所示。

代码解释

程序使用 Rows 属性和 Columns 属性获取连续单元格区域。

4. 使用 Offset 属性

在 VBA 中，Range 对象提供了 Offset 属性，该属性能够返回一个 Range 对象，该对象为与指定单元格区域一定间隔单元格。Offset 的语法格式如下。

对象. Offset (RowOffset, ColumnOffset)

参数含义

- RowOffset：Variant 类型，可选参数。该参数表示区域将偏移的行数。如果其值为正值，表示向下偏移；如果其值为负值，表示向上偏移。该参数的默认值为 0，表示区域本身，即不偏移。
- ColumnOffset：Variant 类型，可选参数。该参数表示区域将偏移的列数。如果其值为正值，表示向右偏移；如果其值为负值，表示向左偏移。该参数的默认值为 0，表示区域本身。
- Offset 属性一般和 ActiveCell 属性配合使用，ActiveCell 属性可以获得窗口中的活动单元格。如 ActiveCell.Offset(3, 2)表示当前活动单元格为 A2 单元格，引用 C5 单元格。

第一步：启动 Excel 并创建一个空白工作簿，打开 Visual Basic 编辑器，插入一个模块，在模块的"代码"窗口中输入如下程序代码。

```
Sub 向单元格区域中输入数据()
    Dim n As Integer
    For n = 2 To 7
        Range("A1").Offset(0,n) = "成绩" & (n - 2)
    Next
    For n = 1 To 12
        Range("A1").Offset(n,0) = n
    Next
End Sub
```

第二步：按【F5】键运行程序，程序向指定单元格中输入数据，结果如图 4-74 所示。

图 4-74　单元格偏移的效果

代码解释

程序中的 Range("A1") 指定单元格偏移的起始单元格，Offset(0,n) 表示相对于起始单元格向右偏移 n 个单元格；Offset(n,0) 表示相对于起始单元格向下偏移 n 个单元格。

5. 使用 Resize 属性

在 VBA 中，Range 对象的 Resize 属性能够返回一个 Range 对象，表示对指定单元格区域进行扩大或缩小后的新单元格区域。Resize 的语法格式如下。

对象.Resize (RowOffset, ColumnOffset)

参数含义

- RowOffset：Variant 类型，可选参数。该参数表示新单元格区域中的行数。如果省略该参数，则新单元格区域中的行数与原单元格区域的行数相同。

- ColumnOffset：Variant 类型，可选参数。该参数表示新单元格区域中的列数。如果省略该参数，则新单元格区域中的列数与原单元格区域的列数相同。

使用 Resize 属性能够对某个单元格区域进行扩大、缩小操作。例如：

Range("A3").Resize(3, 5)：表示将原单元格区域扩大到 3 行 6 列；

Range("A1:E5").Resize(3, 3)：表示将原单元格区域缩小到 3 行 3 列。

第一步：启动 Excel 并创建一个空白工作簿，打开 Visual Basic 编辑器，插入一个模块，在模块的"代码"窗口中输入如下程序代码。

```
Sub 扩大选取范围()
    Dim myRange As Range
    Set myRange = Range("A2:B2").Resize(4, 4)
    myRange.Select
    MsgBox "当前选择的单元格区域地址为:" & myRange.Address
End Sub
```

第二步：按【F5】键运行程序，程序将提示当前选择单元格区域的地址。

代码解释

程序中的 Address 属性可以获得 myRange 单元格区域的地址。

4.4.2 单元格内容输入与输出

1. 常量的输入与输出

（1）常量的输入。

常量包括数字、字符等，可以用单元格对象的 Value 属性实现常量的输入。使用 Value 属性一般使用下面的方式。

单元格.Value = 常量

第一步：启动 Excel 并创建一个空白工作簿，打开 Visual Basic 编辑器，插入一个模块，在模块的"代码"窗口中输入如下程序代码：

```
Sub 常量的输入()
    Range("A1:A8") = "TF-SWUFE"
End Sub
```

第二步：按【F5】键运行程序，程序向指定单元格中输入数据，如图 4-75 所示。

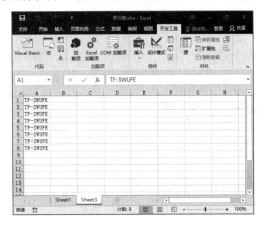

图 4-75　向指定单元格输入数据 2

代码解释

程序使用 Value 属性向指定单元格输入字符常量，其中"TF-SWUFE"的双引号不能省略。

（2）常量的输出。

在程序中，可以直接引用单元格的值参加运算或者进行其他处理。

第一步：启动 Excel 并创建一个空白工作簿，打开 Visual Basic 编辑器，插入一个模块，在模块的"代码"窗口中输入如下程序代码。

```
Sub 常量的输出()
    Range("D2") = Range("B2") * Range("C2")
End Sub
```

第二步：按【F5】键运行程序，结果如图 4-76 所示。

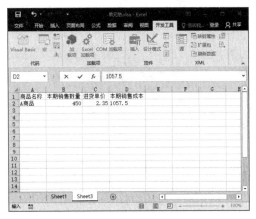

图 4-76　常量的输出

2．公式的输入与输出

（1）公式的输入。

Formula 属性可以在单元格中输入公式和取得单元格公式。

第一步：启动 Excel 并创建一个空白工作簿，打开 Visual Basic 编辑器，插入一个模块，在模块的"代码"窗口中输入如下程序代码。

```
Sub 公式的输入()
    Range("D2").Formula = "=B2*C2"
End Sub
```

图 4-77　公式的输入

第二步：按【F5】键运行程序，结果如图 4-77 所示。

代码解释

程序使用 Foumula 属性向指定单元格输入已确定的公式，程序中的 Formula 可以省略，但是"=B2*C2"中的"="不能省略。

（2）公式的输出。

公式的输出是指取得单元格中的公式文本，也可以用 Formula 属性实现。

第一步：启动 Excel 并创建一个空白工作簿，打开 Visual Basic 编辑器，插入一个模块，在模块的"代码"窗口中输入如下程序代码。

```
Sub 公式的输出()
    MsgBox "D2 单元格的公式为:" & Range("D2").Formula
End Sub
```

第二步：按【F5】键运行程序，结果如图 4-78 所示。

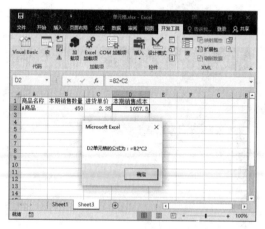

图 4-78　公式的输出

代码解释

程序使用 Foumula 属性输出指定单元格的公式，程序中的 Formula 不能省略，如果省略则显示的值是 1057.5，而非设置完成的公式。

4.4.3 单元格删除与信息清除

1．单元格删除

在 VBA 中，可以使用 Delete 方法删除指定的单元格，Delete 方法的语法格式如下。

对象. Delete (Shift)

参数含义

Shift：Variant 类型，可选参数。该参数指定删除单元格时替补单元格的移位方式，为 xlDeleteShiftDirection 常量，当该参数设置为 xlShiftToLeft 时表示右侧单元格向左移；设置为 xlShiftUp 时表示下方的单元格向上移。如果省略该参数，则 Excel 根据区域的形状确定移位方式。

第一步：启动 Excel 并创建一个空白工作簿，打开 Visual Basic 编辑器，插入一个模块，在模块的"代码"窗口中输入如下程序代码。

```
Sub 单元格删除()
    Range("A3").EntireRow.Delete
End Sub
```

第二步：按【F5】键运行程序，单元格删除前、后分别如图 4-79、图 4-80 所示。

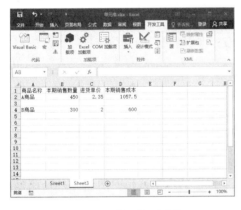 

图 4-79　单元格删除前　　　　　　　　图 4-80　单元格删除后

代码解释

程序使用 EntireRow 属性可以返回指定单元格所在的行。

2．单元格信息清除

在 VBA 中可以使用 Clear 方法清除单元格中的内容、格式和批注，Clear 方法的语法格式如下。

对象. Clear

除此之外，ClearFormats 方法可以清除单元格设置的格式；ClearContents 方法只清除单元格内容，而保留单元格的格式和批注；ClearComments 方法可以清除单元格的批注，对内容和格式没有影响。

第一步：启动 Excel 并创建一个空白工作簿，打开 Visual Basic 编辑器，插入一个模块，在模块的"代码"窗口中输入如下程序代码。

```
Sub 单元格信息清除()
    Range("A1").Clear
End Sub
```

第二步：按【F5】键运行程序，单元格信息清除前、后分别如图 4-81、图 4-82 所示。

图 4-81 单元格信息清除前

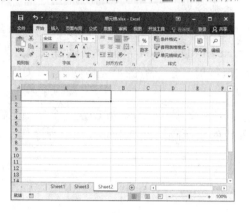

图 4-82 单元格信息清除后

代码解释

程序使用 Clear 方法将单元格 A1 的内容和批注全部清除。

4.4.4 单元格的插入、隐藏

1. 单元格的插入

在 VBA 中，可以使用 Insert 方法来实现单元格的插入，Insert 方法的语法格式如下。
对象. Insert(Shift, CopyOrigin)

参数含义

- Shift：Variant 类型，可选参数。该参数用于设置在插入单元格时原来单元格的移动方向，可以参考 Delete 方法的 Shift 参数用。
- CopyOrigin：Variant 类型，可选参数。该参数用于设置复制的起点，且在插入单元格时不起作用。

第一步：启动 Excel 并创建一个空白工作簿，打开 Visual Basic 编辑器，插入一个模块，在模块的"代码"窗口中输入如下程序代码。

```
Sub 插入多行多列()
    Rows("2:5").Insert
    Columns("C:D").Insert
End Sub
```

第二步：按【F5】键运行程序，单元格插入前、后分别如图 4-83、图 4-84 所示。

代码解释

程序使用 Insert 方法在第 2 行前插入 4 个空行，在第 3 列前插入 4 个空列。

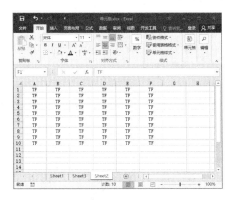

图 4-83　单元格插入前

图 4-84　单元格插入后

2．单元格的隐藏

在 VBA 中可以使用 Hidden 属性来实现单元格的隐藏以及取消隐藏，当其值为 True 时代表隐藏单元格；当其值为 False 时代表取消隐藏。

第一步：启动 Excel 并创建一个空白工作簿，打开 Visual Basic 编辑器，插入一个模块，在模块的"代码"窗口中输入如下程序代码。

```
Sub  隐藏行和列()
    Rows("2:5").Hidden = True
    Columns("B:C").Hidden = True
End Sub
```

第二步：按【F5】键运行程序，单元格隐藏前、后分别如图 4-85、图 4-86 所示。

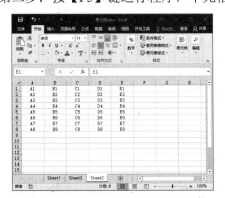

图 4-85　单元格隐藏前

图 4-86　单元格隐藏后

代码解释

程序使用 Hidden 方法将第 2～5 行、B 列和 C 列隐藏。

4.4.5　单元格的复制和粘贴

对单元格数据进行复制和粘贴操作，是 Excel 数据处理过程中最常用的操作之一，操作过程一般分成两个步骤，首先将数据复制或者剪切到系统剪贴板中，然后再将数据粘贴到需要的单元格。在对数据进行粘贴前最关键的是获取数据，而 Excel 获取数据分成两种情况，即数据的复制和数据的剪切。

在 VBA 中,可以使用 Copy 方法和 Cut 方法实现单元格的复制和剪切操作,其中,Copy 方法将源内容进行保留,语法格式如下。

对象. Copy (Destination)

参数含义

Destination:Variant 类型,可选参数。该参数可以将指定内容复制到目标区域,如果省略该参数,则表示将内容复制到系统剪切板中。

Cut 方法将删除源内容,语法格式如下。

对象. Cut (Destination)

参数含义

Destination:同 Copy 方法的参数解释。

当单元格区域的内容复制到剪贴板后,如果需要将该内容粘贴到指定的单元格区域,可以使用 Range 对象的 PasteSpecial 方法,其语法格式如下。

对象. PasteSpecial (Paste, Operation, SkipBlanks, Transpose)

参数含义

- Paste:可选参数。该参数指定要粘贴的区域部分,其值为 xlPasteType 常数。
- Operation:可选参数。该参数用于指定需要执行的粘贴操作,其值为 xlPasteSpecial-Operation 常数。
- SkipBlanks:Variant 类型,可选参数。该参数为 True 时,表示不将剪贴板区域的空白单元格粘贴到目标区域中,其默认值为 False。
- Transpose:Variant 类型,可选参数。该参数为 True 时,表示在粘贴区域时转置行和列,其默认值为 False。

第一步:启动 Excel 并创建一个空白工作簿,打开 Visual Basic 编辑器,插入一个模块,在模块的"代码"窗口中输入如下程序代码。

```
Sub 复制单元格格式()
    Sheet2.Range("A1:C12").Copy
    Sheet4.Range("A1").PasteSpecial Paste:=xlPasteFormats
End Sub
```

第二步:按【F5】键运行程序,Shee2 工作表指定单元格的格式被粘贴到 Sheet4 工作表中,如图 4-87、图 4-88 所示。

图 4-87　Shee2 工作表

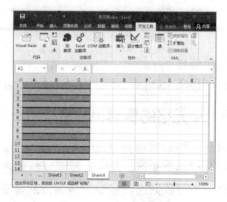

图 4-88　Sheet4 工作表

代码解释

在程序中将参数设置为 xlPasteFormats，表示仅粘贴指定单元格的格式。

4.4.6　单元格的合并和拆分

创建表格时，经常进行单元格的合并和拆分操作。在 VBA 中，可以使用 Range 对象的 Merge 方法实现单元格的合并操作，Merge 方法的语法格式如下。

对象.Merge (Across)

参数含义

Across：Variant 类型，可选参数。该参数如果设置为 True，表示将指定单元格区域内的每一行合并为一个单元格，其默认值为 False。

如果要取消对单元格的合并，可以使用 unMerge 方法，该方法可以将单元格区域分解为独立的单元格。

第一步：启动 Excel 并创建一个空白工作簿，打开 Visual Basic 编辑器，插入一个模块，在模块的"代码"窗口中输入如下程序代码。

```
Sub 合并单元格()
    Range("A1:C1").Merge
    With Range("A1")
        .Value = "部门人员信息表"
        .Font.Size = 16
        .HorizontalAlignment = xlCenter
    End With
End Sub
```

第二步：按【F5】键运行程序，单元格合并前、合并后分别如图 4-89、图 4-90 所示。

代码解释

程序中使用 Merge 方法将 A1:C1 单元格区域合并为一个区域，在完成单元格的合并后，在合并单元格区域中输入文字，并对文字样式进行设置。

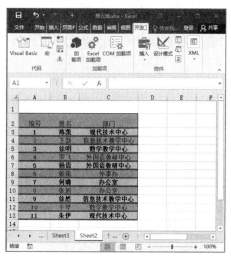

图 4-89　单元格合并前

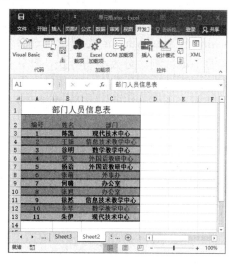

图 4-90　单元格合并后

4.4.7 单元格查找

在 Excel 2016 中，按【Ctrl + F】组合键可以打开如图 4-91 所示的"查找和替换"对话框。使用该对话框用户可以指定查找范围和查找内容等。

在 VBA 中，可以使用 Find 方法来实现特定单元格的查找，Find 方法的语法格式如下。

对象.Find(What,After,LookIn,LookAt,SearchOrder,SearchDirection,MatchCase,MatchByte,SerchFormat)

图 4-91　"查找和替换"对话框

参数含义

- What：Variant 类型，必选参数。该参数是查找的依据，指定搜索的内容，可以是字符串或者任意 Microsoft Excel 数据类型。
- After：Variant 类型，可选参数。该参数表示搜索过程从其后开始的单元格，如果未指定，则从指定区域左上角开始查找。
- LookIn：Variant 类型，可选参数。该参数用于设置信息类型，其值可以为 xlComments（备注）、xlFormulas（公式）、xlValues（值），默认值为 xlFormulas。
- LookAt：Variant 类型，可选参数。该参数用于指定所查找的数据与单元格中的内容是完全匹配还是部分匹配，其值可以为 xlWhole（完全匹配）、xlPart（部分匹配），默认值为 xlPart。
- SearchOrder：Variant 类型，可选参数。该参数用于设置是按行查找还是按列查找，其值可以为 xlByRows（按行查找）、xlByColumns（按列查找）。
- SearchDirection：可选参数。该参数用于设置搜索方向，其值可以为 xlNext（搜索后一个单元格）、xlPrevious（搜索前一个单元格），默认值为 xlNext。
- MatchCase：Variant 类型，可选参数。该参数表示查找时是否区分大小写。如果其值为 True，则区分大小写查找，默认值为 False。
- MatchByte：Variant 类型，可选参数。该参数表示查找时是否区分全半角。如果其值为 True，则双字节字符仅匹配双字节字符；如果其值为 False，则双字节字符可匹配其等价的单字节字符。
- SerchFormat：Variant 类型，可选参数。该参数用于设置搜索格式，其值为 True 时表示可以搜索格式。

第一步：启动 Excel 并创建一个空白工作簿，打开 Visual Basic 编辑器，插入一个模块，在模块的"代码"窗口中输入如下程序代码。

```
Sub 查找最新理科录取线()
    Dim n As Integer, i As Integer
    Dim r As Range
```

```
        n = Application.Countif(Range("A:A"), Range("F1"))
        Set r = Range("A1")
        For i = 1 To n
            Set r = Range("A:A").Find(Range("F1"), r)
        Next i
        Range("F2") = r.Offset(0, 1)
End Sub
```

第二步：按【F5】键运行程序，单元格查找前、后分别如图 4-92、图 4-93 所示。

图 4-92　单元格查找前　　　　　　　　　图 4-93　单元格查找后

代码解释

程序使用 Find 方法查找一个科类为理科的录取线并填入 F2 单元格中。工作表函数 Countif 的调用，是为了计算 A 列中"理科"的个数。

4.4.8　单元格的外观设置

制作美观大方的工作表，需要对单元格外观进行相应设置，包括单元格边框、内部填充样式等。

1. 单元格的边框设置

在 Excel 2016 中，单击"查找"选项卡"字体"组中的"边框"的下三角按钮，在打开的列表中选择相应的命令能够对选择单元格边框进行设置，如图 4-94 所示。

实际上，这里的所有设置，都可以通过 VBA 编程来实现。Range 对象将其边框作为单一实体进行处理，如上边框、下边框等都是一个单独的对象，可以对其单独进行处理。在 VBA 中，Borders 集合包含了所有的 Border 对象，可以看作 Border 对象的集合。

Range 对象的 Borders 属性能够返回集合中的单个 Border 对象。Border 的语法格式如下。

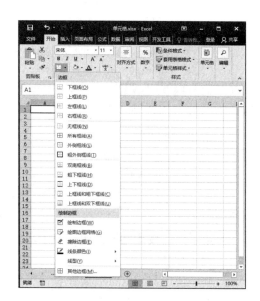

图 4-94　设置单元格边框

对象. Borders(index)

参数含义

index：表示集合中 Border 对象的索引号，用于指定边框，其值可以使用数字，也可以使用常量，具体说明如表 4-4 所示。

表 4-4　Index 参数使用的值

名称	值	解释
xlDiagonalDown	5	从区域中每个单元格的左上角至右下角的边框
xlDiagonalUp	6	从区域中每个单元格的左下角至右上角的边框
xlEdgeLeft	7	区域左边的边框
xlEdgeTop	8	区域顶部的边框
xlEdgeBottom	9	区域底部的边框
xlEdgeRight	10	区域右边的边框
xlInsideVertical	11	区域中所有单元格的垂直边框
xlInsideHorizontal	12	区域中所有单元格的水平边框

单元格的边框设置，实际上就是对边框颜色、宽度和线型进行设置，可以对 Border 或 Borders 对象的相关属性进行修改。例如：

Color 属性可以设置边框的颜色。

Weight 属性可以设置边框线条的粗细，其值为 xlBorderWeight 常量，代表线条的宽度。包括 xlHairline、xlThin、xlMedium、xlThick，分别对应特细、细、中等宽度和粗。

lineStyle 属性可以设置线条的样式，其值为 xlLineStyle 常量，包括 xlContinuous 、xlDash、xlDashDot、xlDot 等，分别对应实线、虚线、点画线和点式线。

第一步：启动 Excel 并打开需要处理的工作表，打开 Visual Basic 编辑器，插入一个模块，在模块的"代码"窗口中输入如下程序代码。

```
Sub 为单元格添加边框()
    Dim myRange As Range
    Dim myBorders As Borders
    Dim x As Long
    Set myRange = ActiveSheet.UsedRange
    Set myBorders = myRange.Borders
    For x = 9 To 12
        With myBorders(x)
            .LineStyle = xlDouble
            .Weight = xlThick
            .ColorIndex = 0
        End With
    Next
End Sub
```

第二步：按【F5】键运行程序，单元格边框设置前、后分别如图 4-95、图 4-96 所示。

代码解释

程序使用 UsedRange 属性获得工作表中的已用单元格区域，并使用 With 语句将边框的线型设置为双线、粗型、黑色。

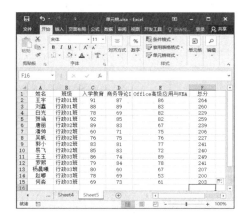
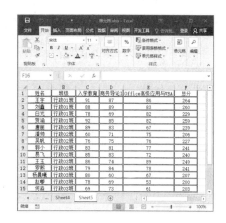

图 4-95　单元格边框设置前　　　　　　　　图 4-96　单元格边框设置后

2．单元格的填充设置

Range 对象的 Interior 属性将返回 Interior 对象，该对象表示内部区域，使用 Interior 属性可以对单元格的内部进行填充。例如：

Color 属性、ColorIndex 属性可以设置单元格的填充颜色。

Pattern 属性可以设置单元格内部的填充图案。

PatternColorIndex 属性、PatternColor 属性可以设置填充图案的颜色。

第一步：启动 Excel 并打开需要处理的工作表，打开 Visual Basic 编辑器，插入一个模块，在模块的"代码"窗口中输入如下程序代码。

```
Sub 突出显示特殊数据单元格()
    Dim myRange As Range, myItr As Interior
    Dim i As Integer, r As Integer
    r = Range("E1").End(xlDown).Row
    For i = 2 To r
     If Cells(i, 5) < 75 Then
            Set myRange = Cells(i, 5)
            Set myItr = myRange.Interior
            With myItr
                .ColorIndex = 6
                .Pattern = xlPatternCrissCross
                .PatternColor = 3
            End With
        End If
    Next
End Sub
```

第二步：按【F5】键运行程序，单元格填充前、后分别如图 4-97、图 4-98 所示。

代码解释

程序使用 With 语句对 Interior 对象的属性进行设置以实现单元格的填充，单元格填充为黄色，背景图案为十字图案，背景颜色为红色。

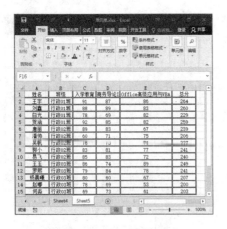

图 4-97　单元格填充前

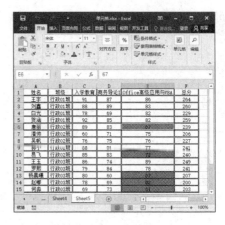

图 4-98　单元格填充后

3. 单元格中文字样式设置

Range 对象的 Font 属性能够返回 Font 对象，Font 对象具有多种与文字样式设置相关的属性，例如：

Name 属性可以设置文字字体。

Size 属性可以设置文字大小。

Bold 属性可以设置文字是否加粗。

Italic 属性可以设置是否为斜体。

Strikethrough 属性可以设置文字中是否添加一条水平删除线。

Underline 属性可以设置文字的下画线样式，其值为 xlUnderlineStyle 常量，包括 xlUnderlineStyle-None、xlUnderlineStyleSingle、xlUnderlineStyleDouble、xlUnderlineStyleSingleAccounting 和 xlUnderline-StyleDoubleAccouting，分别表示取消下画线、单下画线、双下画线、会计用单下画线和会计用双下画线。

Shadow 属性表示文字是否添加阴影效果。

Superscript 属性表示文字是否被设置为上标。

Subscript 属性表示文字是否被设置为下标。

在默认情况下，Excel 2016 单元格中的数据如果是文本，会自动左对齐；如果是数字，则会自动右对齐。程序可以使用 Range 对象的 HorizontalAlignment 属性和 VerticalAlignment 属性，实现水平方向和垂直方向的对齐设置。例如：

xlLeft 表示左对齐。

xlRight 表示右对齐。

xlCenter 表示居中对齐。

xlDistributed 表示分散对齐。

xlGeneral 表示恢复默认状态。

第一步：启动 Excel 并在工作表的 A1 单元格中输入文字，打开 Visual Basic 编辑器，插入一个模块，在模块的"代码"窗口中输入如下程序代码。

```
Sub 设置单元格文字样式()
    Dim myChr As Characters
    With Range("A1")
```

```
            Set myChr = .Characters(Start:=5, Length:=10)
            With myChr.Font
                .Name = "华文琥珀"
                .Size = 20
                .Bold = True
                .Italic = True
                .ColorIndex = 9
                .Underline = xlUnderlineStyleDouble
            End With
        End With
    End With
End Sub
```

第二步：按【F5】键运行程序，单元格样式设置前、后分别如图 4-99、图 4-100 所示。

图 4-99　单元格样式设置前

图 4-100　单元格样式设置后

代码解释

程序使用 Range 对象的 Characters 属性获取 Character 对象，即 A1 单元格字符串中从第 5 个字符开始，长度为 10 的字符串，即"西南财经大学天府学院"。

4.5　综合实例

4.5.1　打开当前代码所在工作簿路径下的文件

打开当前代码所在路径的所有指定要求的文件，操作后并关闭。

```
Sub 遍历文件()
    mypath = ThisWorkbook.Path
    f = Dir(mypath & "\*.csv")
    While f <> ""
        Set wk = Workbooks.Open(mypath & "\" & f)
        '操作
        wk.Save
        wk.Close
```

```
        f = Dir
    Wend
End Sub
```

代码解释

- f = Dir(mypath & "*.csv")：第一次调用，返回满足条件的第一个文件名。
- While f <> ""：遍历路径下面的每一个存储在硬盘中的工作簿。
- f = Dir：第二次调用，不带参数，返回下一个满足条件的文件名。

4.5.2 工作表数据汇总（9月众达数据）

对"9月货运数据.xls"中每天记录的货运数据进行汇总，分析如下。

（1）由多个工作表构成，每个工作表的名称就是当天的日期，但是日期不连续，中间有缺少的日期。

（2）每个工作中的表头和最后一行为当天所有数据的汇总。

（3）有些工作表的数据有空行，数据并不连续，必须以"货物名称"列中的值来判定这一行是否为有用的数据。

（4）将有用的数据 copy 到创建的"汇总"工作表（检测当前有没有此工作表，没有则需要创建），并在第一列中增加日期。

根据上述的分析，结合学过的知识，将代码分成两个子过程，一个为创建汇总工作表，另一个为汇总数据。

```
Sub 创建汇总工作表()
    Dim fb As Worksheet
    Dim state_exist As Boolean
    state_exist = False
    For Each fb In Sheets
        If fb.Name = "汇总" Then
            state_exist = True
            exit for
        End If
    Next
    If state_exist = False Then
        Sheets.Add(before:=Sheets(1)).Name = "汇总"
    End If
End Sub
```

代码解释

- For Each fb In Sheets：遍历工作表。
- state_exist = True：检查在当前的工作簿中是否有"汇总"。
- Sheets.Add(before:=Sheets(1)).Name = "汇总"：在所有表的最前面创建工作表。

```
Sub 汇总数据()
    Dim fb As Worksheet
```

```
        Call 创建汇总工作表
        Sheets("9.2").Rows("1:3").Copy Sheets("汇总").Cells(1, 1)
        Sheets("9.2").Range("b4:p4").Copy Sheets("汇总").Cells(4, 2)
        Sheets("汇总").Cells(4, 1) = "日期"
        Cells.NumberFormat = "@"
        For Each fb In Sheets
            If fb.Name <> "汇总" Then
                fb_h = fb.[a65535].End(xlUp).Row
                hz_h = Sheets("汇总").[a65535].End(xlUp).Row
                fb.Range("a5:p" & fb_h).Copy Sheets("汇总").Cells(hz_h + 1, "b")
                Sheets("汇总").Cells(hz_h + 1, "a").Resize(fb_h - 4, 1) = fb.Name
            End If
        Next
End Sub
```

代码解释

- Call 创建汇总工作表：调用创建汇总工作表的子过程。
- Sheets("9.2").Rows("1:3").Copy Sheets("汇总").Cells(1, 1)；
  Sheets("9.2").Range("b4:p4").Copy Sheets("汇总").Cells(4, 2)；
  Sheets("汇总").Cells(4, 1) = "日期"：制作表头。
- Cells.NumberFormat = "@"：设置所有单元格的数据类型为文本。
- fb_h = fb.[a65535].End(xlUp).Row：计算分表 A 列中最后一行有数据的行号。
- hz_h = Sheets("汇总").[a65535].End(xlUp).Row：计算汇总表 A 列中最后一行有数据的行号。
- fb.Range("a5:p" & fb_h).Copy Sheets("汇总").Cells(hz_h+1, "b")：将数据 COPY 到指定区域。
- Sheets("汇总").Cells(hz_h + 1, "a").Resize(fb_h - 4, 1) = fb.Name：增加日期到汇总工作表的第一列。

4.5.3 工作簿的数据处理

应统计要求，将"样列数据"文件夹下所有的.CSV 文件进行分列处理，并针对第一行中列标题相同的数据项删除。

经分析应有以下几个步骤完成。

（1）遍历文件夹中所有工作簿并打开。

（2）进行分列操作（录制宏）。

（3）删除重复数据列。

```
Sub 打开所有的工作簿()
    mypath = ThisWorkbook.Path
    f = Dir(mypath & "\*.csv")
    While f <> ""
        If f <> "test.xlsm" Then
            Set wk = Workbooks.Open(mypath & "\" & f)
```

```
                Call 分列
                Call 删除重复数据列
                wk.Save
                wk.Close
            End If
            f = Dir
        Wend
End Sub
```

```
Sub 分列()
    Columns("A:A").Select
    Selection.TextToColumns Destination:=Range("A1"), DataType:=xlDelimited, _
        TextQualifier:=xlDoubleQuote, ConsecutiveDelimiter:=False, Tab:=True, _
        Semicolon:=True, Comma:=False, Space:=False, Other:=False, FieldInfo _
        :=Array(Array(1, 1), Array(2, 1), Array(3, 1), Array(4, 1), Array(5, 1), Array(6, 1), _
        Array(7, 1), Array(8, 1), Array(9, 1), Array(10, 1), Array(11, 1), Array(12, 1), Array(13, 1 _
        ), Array(14, 1)), TrailingMinusNumbers:=True
End Sub
```

```
Sub 删除重复数据列()
    Dim col_n As Integer
    col_n = [xfd1].End(xlToLeft).Column
    For i = col_n To 2 Step -1
        dangqian = Cells(1, i)
        xiayige = Cells(1, i).Offset(0, -1)
        If dangqian = xiayige Then
            Columns(i).Delete
        End If
    Next
End Sub
```

4.6 习题

1. 如何打开设置权限密码的文件？
2. 如何插入一个工作表并命名？
3. 如何一次性隐藏多个工作表？
4. 如何一次性解除所有工作表的保护？
5. 如何对指定区域进行密码保护？
6. 如何向 A1：A15 区域输入数字 1～15？
7. 如何在第 4 行前插入 4 个空行？
8. 现有商品名称、数量、单价已填充数据，请在金额一列自动填充相应的计算公式。
9. 现有 20 行数据的工作表，且每两行之间存在着空白行，请将此工作表中的所有空白行删除。
10. 现有记录学生各科考试成绩的工作表，请实现根据学生姓名查询分数。

第5章▶▶

用户界面

通过对 Excel 的基本结构和 VBA 语言的学习，本章将开始步入 VBA 编程的另一个阶段——用户界面设计。用户界面的设计可以实现人与计算机之间的传递和交换信息，当用户有指导要传达给应用程序时，必须要有一个媒介进行指令的传递，用户界面就充当了这一角色。友好的用户界面设计，可以达到事半功倍的工作效率。

5.1 使用窗体对象设计交互界面

用户界面设计是人与计算机之间传递和交换信息的媒介，窗体是用户界面设计中最重要的概念，它是创建任何自定义对话框的基础，本节将从窗体设计开始，系统介绍用户界面设计。

5.1.1 窗体和控件概述

1. 创建窗体

窗体在 VBA 对象中被称为 UserForm 对象，它可以容纳控件甚至其他窗体。窗体本身也属于控件，为了体现窗体这个特殊控件和其他控件的区别，特意将窗体和控件分开讲解。创建窗体的方法如下。

第一步：打开一个 Excel 文件。

第二步：按【Alt+F11】或【Alt+ Fn+F11】组合键进入 Visual Basic 编辑器。

第三步：在工程资源管理器中选中要创建窗体的工程，单击【插入】→【用户窗体】，结果如图 5-1 所示。

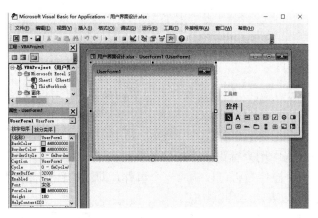

图 5-1　插入窗体

右边的控件工具箱包括了常用的控件，使用时可以根据需要把这些控件拖入窗体中。

2. 运行窗体

窗体一旦被创建，就存在于 Excel 工作簿中，即使没有编写任何功能性代码，也能被运行。选择【运行】→【运行子过程/用户窗体】，或者使用快捷键【F5】或【Fn+F5】组合键。

3. 设置窗体和控件属性

设置窗体和控件属性是通过属性窗口完成的。选中窗体后，属性窗口会自动显示它的所有默认属性值，如图 5-2 所示。对于窗体的各个属性的含义，可以参考帮助文档，本节重点介绍 Name 属性和 Caption 属性。

（1）Name 属性。

Name 属性是窗体在代码中的引用名字，必须是唯一的。系统默认的名称是按照窗体创建的顺序依次命名为"UserForm1""UserForm2"…"UserFormN"，也可以将窗体名称命名成便于识别且较短的字符。窗体命名规则与变量的命名规则有所不同，需要遵循以下规则。

- 必须以字母或汉字开头；
- 可包括字母、数字和下画线，不能有空格或分号；
- 最大长度为 40 个字符；
- 不能与别的公共对象同名，如 Screen、App 等。

（2）Caption 属性。

Caption 属性是窗体标题栏显示的内容，默认值与窗体的名称相同，建议用户养成修改窗体 Caption 属性的习惯，将其修改为能体现窗体功能的值。例如，把图 5-1 中窗体的 Caption 属性修改为"测试窗口"，如图 5-3 所示。

图 5-2　窗体的属性窗口

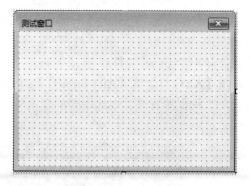

图 5-3　命名后的窗体

控件同样有各自不同的属性，但很多属性都是大同小异，学习这些控件时不用去熟记每个控件的所有属性，只要在学习中总结和归纳即可。以下是所有控件都具有的重要属性，在后面章节中就不再单独介绍了。

- Name：表示在代码中用来标识一个控件的唯一名字。
- Enabled：表示一个控件是否可以响应一个事件，即该控件是否可用。值为 True 表示可以响应，值为 False 表示不可以响应。
- Visible：表示一个控件是否可见。值为 True 表示可见，值为 False 表示不可见。

当然，控件的某些属性也可以用代码进行设置，通用语法如下。

　　对象名.属性名=属性值

4．窗体和控件的常用方法

窗体设计常用到的方法如下。

（1）Load 方法：加载窗体，但不在屏幕上显示，它与 Unload 方法相对。

（2）Unload 方法：卸载窗体，即从屏幕上和内存中清除窗体。

（3）Show 方法：加载窗体并在屏幕上显示窗体，它与 Hide 方法相对。

（4）Hide 方法：从屏幕上隐藏窗体，但内存中仍保存窗体的信息。

（5）Move 方法：移动窗体，必须要有坐标值。

```
Private Sub Workbook_Open()    '打开此工作簿时启动用户窗体
    UserForm1.Show
End Sub
```

例如，打开工作簿时启动窗体。

5．控件的事件

对象都有属性和方法，控件作为一种特殊的对象，除了具有属性和方法以外，还具有事件。事件是一个对象可以识别的动作，如单击鼠标或按下某个按键等，并且可以编写某些代码针对该动作做出响应。事件可以由用户或系统引发。

```
Sub  对象名_事件名(参数列表)
    事件过程代码
End Sub
```

从代码编写的角度看，事件是指当对象对一个事件的发生作出认定时，自动用相应事件的名字调用该事件的过程，即事件过程，是指附在该对象上的程序代码，是事件触发后处理的程序。事件过程可以用以下语法表达。

```
Private Sub UserForm_事件名（参数列表）
    事件过程代码
End Sub
```

对于 VBA 中的窗体和控件对象，它们的语法大同小异。

注意：语法中的 UserForm 不能被替换为窗体的 Name 属性值，这是窗体事件与一般控件事件不同之处。

窗体设计常用的事件如下。

（1）Initialize（初始化事件）：在创建窗体对象时发生，这个事件只触发一次。

（2）Terminate（销毁事件）：在对象被销毁时发生，与 Initialize 事件对应。

（3）Activate/Deactivate（激活/非激活事件）：用户在同一个应用程序的两个或多个窗体之间移动时触发的事件。

例如，初始化窗体。

```
Private Sub UserForm_Initialize()
    UserForm1.Left = 1000
    UserForm1.Height = 5000
End Sub
```

5.1.2 用户窗体常用控件

只有窗体是不能实现交互功能的，因此，本小节将介绍用户界面设计中常用的控件。

所有控件在使用之前，一般都要经过创建和设置属性两个步骤。

第一步：绘制控件。在工具箱中选择所需的控件图标，在窗体中按下鼠标并拖动，然后松开鼠标即可。

第二步：设置属性。选中控件，然后按【F4】键或【Fn+F4】组合键，或者单击工具栏上的属性窗口按钮进入属性窗口，再在属性窗口中设置相应的属性即可。

下面将具体介绍常用的控件。

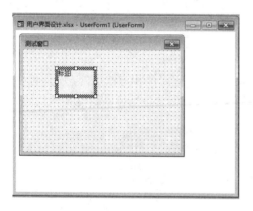

图 5-4　直接设置标签

1. 标签（Label）

窗体的标签控件主要用于显示说明性文本，不能作为输入。标签通常与其他控件配合使用，起到解释说明的作用，如一个文本框旁边通常用一个标签来标识文本框。

当绘制完标签后，在属性窗口中通过其 Caption 属性来设置它所显示的文字，也可以直接在标签的区域中输入文字，如图 5-4 所示。

当然，也可以在事件过程代码中使用以下语句来设置标签的 Caption 属性。

```
Label1.Caption="标签"
```

标签可响应单击（Click）和双击（DblClick）事件，但一般情况不对它进行编程。

2. 文本框（TextBox）

文本框是用于显示用户输入信息的最常用控件，同时也可以用来显示一系列数据，如数据库、工作表或计算结果。

（1）文本框的常用属性。

- Text 属性：存放文本框中显示的正文内容，即用户输入或读取的内容。
- PassWordChar 属性：设置口令时用的掩码，从而掩盖文本框中输入的字符，如用"*"代替实际输入的内容。
- MaxLength 属性：最大长度，默认值为 0，表示可以输入任意一个字符。
- MultiLine 属性：此属性值为 True 时，即可输入多行文本，反之则只能输入单行文本。
- Locked 属性：表示是否可被编辑，值为 True 则可编辑，反之则不能。
- SelStart、SelLength 和 SelText 属性：这三个属性只能在程序代码中设置，是文本框中对文本的编辑属性。

- SelStart：确定在文本框选中文本的起始位置。第一字符的位置为 0，若没有选择文本，则用于返回或设置文本的插入点位置。如果 SelStart 的值大于文本的长度，则 SelStart 取当前文本的长度。
- SelLength：设置或返回文本框中选定的文本字符串长度（字符个数）。
- SelText：设置或返回当前选定文本中的文本字符串。

（2）文本框的常用事件。

- Change()事件：文本框默认的事件是 Change()事件，当文本框内容发生变化，即改变文本框的 Text 属性时会触发该事件。
- KeyPress 事件：当用户按下并释放键盘上一个键时，就会触发一次该事件，并返回一个 KeyAscii 参数（字符的 Ascii 值）到该事件过程中。

（3）文本框的常用方法。

文本框最有用的方法是 SetFocus，使用形式为[对象.]SetFocus

功能：可以把光标移到指定的文本框对象中。

（4）实例。

第一步：创建控件。创建 3 个标签和 3 个文本框，文本框名称从上到下依次是 TextBox1、TextBox2 和 TextBox3，界面如图 5-5 所示。

第二步：初始化窗体。在窗体的初始化事件过程（UserForm_Initialize）中输入以下代码。

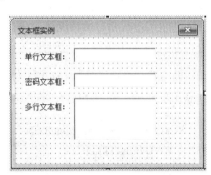

图 5-5　文本框实例界面

```
TextBox1.Text = "VBA 用户界面设计之文本框控件"
TextBox2.Text = "tf0001"
TextBox2.PasswordChar = "*"
TextBox3.Text = "VBA 用户界面设计之文本框控件多行显示效果"
TextBox3.MultiLine = True
```

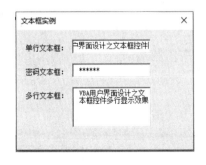

图 5-6　设置文本框属性后的效果

第三步：运行代码，结果如图 5-6 所示。

3.命令按钮（CommandButton）

（1）命令按钮的常用属性。

- Caption 属性：在按钮上显示的文本。
- Cancel 属性：取消属性，其值为 True 时，按 Esc 键即等于单击此按钮。
- Default 属性：默认属性，其值为 True 时，按回车键即等于单击此按钮。

（2）命令按钮的常用事件。

命令按钮最重要的事件就是 Click 事件。

（3）实例。

设计一个用户登录程序，当输入的密码正确时才能打开工作表 1，防止陌生人修改数据，因此，应该在工作表 1 的 Activate 事件中调用窗体。假设测试用户名为 tfxs，密码为 tf0001。

第一步：创建控件。属性设置如表 5-1 所示，界面设计如图 5-7 所示。

表 5-1　用户登录控件属性设置

控 件 名	属 性	属 性 值
UserForm1	Caption	用户登录
Label1	Caption	用户名
Label2	Caption	密　码
TextBox1	名称	txtuser
TextBox2	名称	txtpassWord
	PassWordChar	*
CommandBottun1	名称	cmd1
	Caption	登录
CommandBottun2	名称	cmd2
	Caption	重置

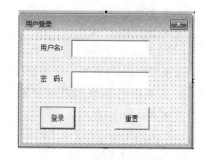

图 5-7　用户登录界面设计

第二步：编写代码。双击窗体，打开代码窗口。

在窗体的初始化事件中输入如下代码。

```
Private Sub UserForm_Initialize()
    Worksheets(1).Activate
End Sub
```

在登录按钮的 Click 事件中输入如下代码。

```
Private Sub cmd1_Click()
If txtuser.Text = "tfxs" And txtpassword.Text = "tf0001" Then    UserForm1.Hide
    txtuser.Text = ""
    txtpassword.Text = ""
ElseIf txtpassword.Text = "" Then
    MsgBox "密码不能为空！"
Else
    MsgBox "密码不正确，请重新输入！"
End If
End Sub
```

在重置按钮的 Click 事件中输入如下代码。

```
Private Sub cmd2_Click()
    txtuser.Text = ""
    txtpassword.Text = ""
End Sub
```

第三步：调用用户登录程序。

双击工作表 1（sheet1），在弹出的代码窗口中选择 Worksheet 对象，Activate 事件，编写如下代码。

```
Private Sub Worksheet_Activate()
    UserForm1.Show
End Sub
```

第四步：运行测试。

不要用【F5】键或运行命令来测试，而应该真正激活工作表1测试。当用户输入的密码不正确时，焦点一直在验证窗体上，用户不能进入工作表进行工作，一直到输入正确的密码为止，如图5-8所示。

图5-8　用户登录测试

当然，若不输入用户名和密码，直接单击窗体右上角的关闭按钮就会直接关闭用户窗体进入到工作表1。因此，为了确保只有登录成功后才能对工作表进行编辑，可添加如下代码。

```
Private Sub UserForm_QueryClose(Cancel As Integer, CloseMode As Integer)
    If CloseMode = vbFormControlMenu Then
        Cancel = True
        Me.Caption = "只有输入正确密码才能关闭！"
    End If
End Sub
```

说明：QueryClose事件是UserForm从内存中卸载之前发生。其中，CloseMode参数表明事件发生的原因，若其值等于vbFormControlMenu则意味着用户单击了关闭按钮。

4．列表框（ListBox）

列表框控件用于显示可供用户选择的项目列表，用户可以从中选择一个或多个项目。

（1）列表框的常用属性。

● List属性：字符型数组，用于存放列表内容，下标是从0开始。

● ListCount属性：为整型值，列表项数目总和。

● ListIndex属性：为整型值，表示选中项目的序号。如果列表框可多选，则为最后一次选中项目的序号，没有项目选中时为-1。

● Text属性：最后选中的列表项的文本，它与ListBox1.List（ListBox1.ListIndex）的值相同。

● Columns属性：指定是否垂直列出列表内容，当值为0时，项目将垂直列出；当列数大于0时，则水平显示。

● Columnscount属性：列表框的列数，默认为1，修改后可显示多列。

● Rowsource属性：指定为列表框或组合框提供列表的数据源，可以接受Microsoft Excel的工作表区域作为数据来源。

● Selected属性：逻辑类型的数组，该属性返回或设置列表框控件中项目的选择状态。例如，ListBox1.Selected（0）=True表示列表框ListBox1的第一个项目被选中，此时ListIndex的值为0。Selected属性在设计时是不可用的，即无法在属性窗口中设置属性值。

（2）列表框的常用方法。

```
[对象名].AddItem<列表项文本>[,插入位置序号]
```

- AddItem 方法：添加列表项。
- RemoveItem 方法：删除选定的列表项。
- Clear 方法：删除列表项所有项目。

（3）实例。

本实例主要实现列表框内容的增加、删除和清空。列表的初始内容来自 Excel 工作表中的数据。

第一步：创建控件，属性设置如表 5-2 所示，界面设计如图 5-9 所示。

表 5-2　列表框实例控件属性设置

控 件 名	属 性	属 性 值
UserForm2	Caption	列表框实例
Label1	Caption	学生学号
CommandBottun1	名称	cmdAdd
	Caption	添加
CommandBottun2	名称	cmdDel
	Caption	删除
CommandBottun3	名称	cmdClear
	Caption	清空

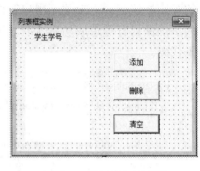

图 5-9　列表框实例界面

第二步：编写代码。

初始化窗体，给列表框赋值，代码如下。

```
Private Sub UserForm_Initialize()
    ListBox1.AddItem "41600101"
    ListBox1.AddItem "41600102"
    ListBox1.AddItem "41600103"
    ListBox1.AddItem "41600104"
    ListBox1.AddItem "41600105"
End Sub
```

在添加按钮的 Click 事件中编写如下代码，通过输入框输入新增学生的学号后添加到列表框中。

```
Private Sub cmdAdd_Click()
    Dim listitem As String
'在输入框中输入学号
    listitem = InputBox("请输入新增学生的学号", "添加学生")
    If Trim(listitem) <> "" Then          '用 Trim()清除 listitem 字符串中的空格
        ListBox1.AddItem listitem          '向列表框中添加新项目
    End If
```

End Sub

在删除按钮的 Click 事件中编写如下代码，实现删除选中项目的功能。

```
Private Sub cmdDel_Click()
    Dim i As Integer
    i = ListBox1.ListIndex
    If i > 1 Then '判断项目是否被选中
        ListBox1.RemoveItem i        '删除选中项
    Else
        MsgBox "请选中删除项！ ", , "操作提示"
    End If
End Sub
```

在清空按钮的 Click 事件中编写如下代码，实现清空列表框的功能。

```
Private Sub cmdClear_Click()
    ListBox1.Clear
End Sub
```

第三步：运行测试。

此处主要展示了在输入框添加学号时的结果图，以及删除列表项时没有选择删除项目的操作提示，如图 5-10 和图 5-11 所示。

图 5-10　添加学号

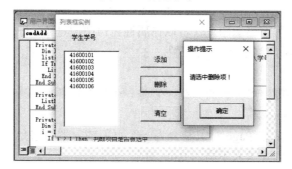

图 5-11　删除学号

5．组合框（ComboBox）

组合框，也称复合框，顾名思义就是结合了文本框和列表框的特性，用户既可以像在文本框中那样输入新值，又可以像在列表框中那样选择已有的值。但是，组合框只允许用户选择其中一项。

（1）组合框的常用属性。

- Text 属性：其值为用户直接输入的文本或者从列表框中选定的文本。
- Style 属性：其值为 0 时，系统创建一个带下拉式列表框的组合框；值为 2 时，系统创建一个没有文本框的下拉式列表框，用户只能在列表框中进行选择，不能输入。

组合框其他常用属性与列表框相同，这里不再赘述。

（2）组合框的常用方法。

- AddItem 方法：添加列表项。
- RemoveItem 方法：删除选定的列表项。
- Clear 方法：删除列表项所有项目。

由于组合框是文本框和列表框的结合体，所以掌握了文本框和列表框的使用，再结合帮助文档，掌握其使用方法也不成问题，因此不再单独举例，用户可以自行练习。

6．其他常用控件

（1）选项按钮（OptionButton）。

选项按钮也称作单选按钮。一组选项按钮控件可以提供一组彼此相互排斥的选项，用户只能从中选择一个选项，实现一种"单项选择"的功能，被选中项目左侧圆圈中会出现一黑点。选项按钮是否被选中是由其 Value 属性决定的，值为 True 则表示被选定，为 False 则表示未被选定。

（2）复选框（CheckBox）。

复选框也称作检查框、选择框。与选项按钮不同，一组检查框控件可以提供多个选项，它们彼此独立工作，用户可以同时选择任意多个选项，实现一种"不定项选择"的功能。选择某一选项后，该控件将显示"√"，而清除此选项后"√"则消失。

（3）切换按钮（ToggleButton）。

切换按钮利用按钮的状态表示用户的选择，其功能与复选框类似，允许用户从两个值中选择一个。

（4）图像控件（Image）。

图像控件用于在窗体中显示图片，可以在属性窗口中通过 Picture 属性来设置图片路径，也可以用 LoadPicture(图片路径)来进行设置。

（5）框架（Frame）。

框架可为其他控件提供可标识的分组，它是一个容器控件。

（6）多页（MultiPage）。

多页控件是用来将多个 Page 对象整合为一个页面的容器，它允许多个 Page 对象同时存在，并通过切换标签的方式进入不同的 Page 对象。

（7）实例。

如图 5-12 和图 5-13 所示，可以看出以上控件的效果，只要通过简单的学习和测试就能掌握它们的用法。

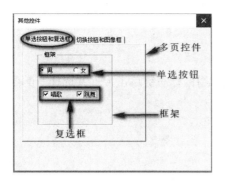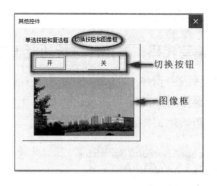

图 5-12 其他控件效果 1	图 5-13 其他控件效果 2

5.1.3 用户窗体与 Excel 数据交互

在日常工作中，经常用 Excel 制作各种表格，如学校教务处制作的学生信息表、公司管理人员制作的员工信息表、推销员制作的客户名单表等。如果单纯利用 Excel 的功能进行制作会发现有如下几个问题。

- 容易出错。
- 不能检查是否重复输入登记。
- 经常重复输入相同的内容。

而用 VBA 在 Excel 中建立窗体，通过窗体向 Excel 输入数据，则可以避免以上问题。本节通过一个简单的信息录入实例介绍用户窗体与 Excel 的数据交互，其功能是通过窗体来向工作表中添加数据。下面是应用系统的建立过程。

1. 创建用户窗体

第一步：打开 Excel，以及 Visual Basic 编辑器。

第二步：选择菜单【插入】→【添加用户窗体】。

第三步：创建控件。在窗体上创建 1 个框架、5 个标签、2 个文本框、2 个选项按钮、2 个复选框、1 个组合框和 2 个命令按钮。

第四步：设置控件属性。属性设置如表 5-3 所示，界面设计如图 5-14 所示。

表 5-3　学生信息录入控件属性设置

控 件 名	属 性	属 性 值
UserForm4	Caption	学生信息录入
Frame1	Caption	学生信息
Label1-Label5	Caption	学号:、姓名:、性别:、爱好:、专业:
TextBox1- TextBox2	名称	txtId、xtName
OptionButton1-OptionButton2	名称	optmale、optfemale
	Cpation	男、女
CheckBox1-CheckBox2	名称	chk1、chk2
	Cpation	唱歌、跳舞
ComboBox1	名称	combo1
CommandButton1-CommandButton2	名称	cmdAdd、cmdCancel

图 5-14　学生信息录入用户界面

2. 编写代码，对控件进行功能设置

用鼠标选中窗体上的控件并双击该控件，或者用鼠标右键单击控件并选择"查看代码"命令，进入窗体对象的编程环境。

（1）初始化窗体，添加专业信息。

```
Private Sub UserForm_Initialize()
    combo1.AddItem "计算机"
    combo1.AddItem "财务管理"
    combo1.AddItem "会计"
    combo1.AddItem "工程造价"
    combo1.Text = "计算机"
End Sub
```

（2）取消按钮的 Click 事件中编写如下代码。

```
Private Sub cmdCancel_Click()
    Unload Me
End Sub
```

（3）录入按钮的 Click 事件中编写如下代码，实现信息检验和录入功能。

```
Private Sub cmdAdd_Click()
    Dim counter As Integer '计数器
    Dim sign As Boolean        '是否已录入标志
    counter = 0
    sign = True
    '验证学生信息是否已录入过
    Range("A1").Select
    Do Until Selection.Offset(counter, 0).Value = ""
        If txtId.Text = Selection.Offset(counter, 0).Value Then
            sign = False
            MsgBox "此学生已经存在", , "新增学生提示"
            txtId.SetFocus
        End If
        counter = counter + 1
    Loop
    Do Until Selection.Offset(counter, 0).Value = ""
        counter = counter + 1
    Loop
    '添加学生信息
    If sign Then
        Selection.Offset(counter, 0).Value = txtId.Text
        Selection.Offset(counter, 1).Value = txtName.Text
        '获取性别
        If optmale.Value = True Then
            Selection.Offset(counter, 2).Value = optmale.Caption
```

```
    ElseIf optfemale.Value = True Then
        Selection.Offset(counter, 2).Value = optfemale.Caption
    End If
    '获取爱好
    If chk1.Value = True Then
        Selection.Offset(counter, 3).Value = chk1.Caption
        If chk2.Value = True Then
            Selection.Offset(counter, 3).Value = chk1.Caption & chk2.Caption
        End If
    ElseIf chk2.Value = True Then
        Selection.Offset(counter, 3).Value = chk2.Caption
    Else        '若没有合适的爱好，则可自行输入
        Selection.Offset(counter, 3).Value = InputBox("请输入你的爱好", _
"爱好", "无")
    End If
        Selection.Offset(counter, 4).Value = combo1.Text
    End If
End Sub
```

3. 运行测试

按【F5】键或单击【运行】→【运行子过程/用户窗体】，测试结果如图 5-15～图 5-17 所示。

图 5-15　检验学生信息

图 5-16　自定义爱好

图 5-17　学生信息录入最终结果

5.2　让数据活动起来的表单控件

用户界面设计都是基于窗体的，将窗体作为控件的容器，统一对其进行管理。但是，用户若希望在不使用 VBA 代码的情况下轻松引用单元格数据并与其进行交互，或者希望向图表工作表（工作簿中只包含图表的工作表）中添加控件，则可以使用表单控件。例如，用户向工作表中添加列表框控件并将其链接到某个单元格后，可以为控件中所选项目的当前位置返回一个数值，然后将该数值与 Index 函数结合使用，从而实现从列表中选择不同的项目。

本节主要介绍表单控件，即可以不绑定 VBA 就能使用的一些简单常用控件。常用的表单控件包括列表框、选项按钮、数值调节按钮等。下面通过案例介绍常用表单控件的使用方法。

5.2.1　列表框

本案例主要实现的功能是通过选择列表框的选项，同步选中数据表格中的记录并高亮突出显示，效果如图 5-18 所示，设计过程如下。

第一步：创建列表框控件。

单击【开发工具】→【控件】→【插入】中选择列表框控件插入，如图 5-19 所示。

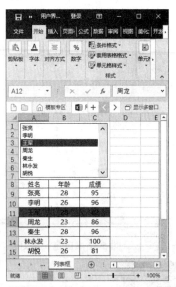
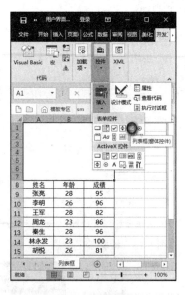

图 5-18　列表框的应用效果　　　　图 5-19　插入列表框

第二步：设置列表框控件格式。

用鼠标右键单击列表框，在弹出的菜单中选择"设置控件格式"选项，并进行如图 5-20 所示的设置。

第三步：优化设计。

将单元格 D2 的字体颜色设置为白色，隐藏中间过程。最终效果如图 5-18 所示。

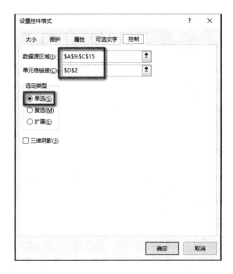

图 5-20　设置列表框格式

5.2.2　选项按钮

本案例主要实现的功能是通过表单控件录入学生信息，设计过程如下。

第一步：创建表单控件。

单击【开发工具】→【控件】→【插入】中选择选项按钮和控件按钮，在工作表合适位置插入控件，如图 5-21 所示。

第二步：设置选项按钮的格式。

用鼠标右键单击选项按钮，在弹出的菜单中选择"设置控件格式"选项，设置参数如图 5-22 所示。

图 5-21　创建表单控件

图 5-22　设置选项按钮格式

第三步：编写录入功能代码，并关联宏。

打开 Visual Basic 编辑器，单击【插入】→【模块】，在代码窗口编写如下代码。

```
Sub 按钮()
    Set Rng = Cells(Rows.Count, 1).End(xlUp)
```

```
    Rng.Offset(1, 0) = [b1]    '录入姓名
    If [d1] = 1 Then sex = "男" Else sex = "女"    '判断性别
    Rng.Offset(1, 1) = sex    '录入性别
    Rng.Offset(1, 2) = [b3]    '录入年龄
    Cells(1, 2).Clear    '清空输入区域中姓名
    Cells(3, 2).Clear    '清空输入区域中年龄
End Sub
```

用鼠标右键单击【录入】按钮，在弹出的菜单中选择"宏"选项，如图 5-23 所示。

第四步：优化设计并运行测试。

将单元格 D1 的字体颜色设置为白色，隐藏中间过程。输入学生基本信息，单击【录入】按钮，则在下方相应单元格同步录入学生信息，效果如图 5-24 所示。

图 5-23　指定宏

图 5-24　学生信息录入结果

5.2.3　数值调节按钮

本案例主要实现的功能是用数值调节按钮突出显示满足设置条件的单元格，设计过程如下。

第一步：创建表单控件。

单击【开发工具】→【控件】→【插入】中选择选项按钮和按钮控件，在工作表合适位置插入控件，如图 5-25 所示。

第二步：设置数值调节按钮的格式。

用鼠标右键单击数值调节按钮，在弹出的菜单中选择"设置控件格式"选项，设置参数如图 5-26 所示。

第三步：设置单元格条件格式。

选中单元格$A$5:$I$20（即需要突出显示的数据区域），依次单击【开始】→【条件格式】→【新建规则】，在弹出的对话框中进行如图 5-27 所示的设置。

说明： 函数 MOD(ROW(),$A$1)=0 表示符合条件格式的行数为 A1 单元格所选择值的倍数。

第四步：运行测试。

单击数值调节按钮，满足条件的行就会按设置条件进行颜色填充，效果如图 5-28 所示。

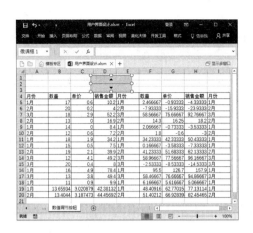

图 5-25　创建表单控件

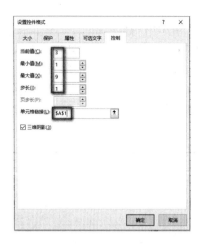

图 5-26　数值调节按钮控件格式设置

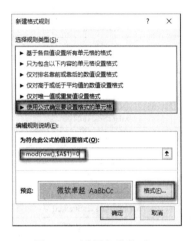

图 5-27　设置条件格式

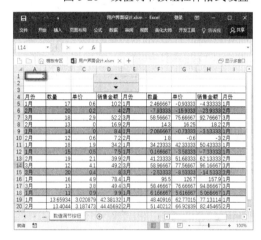

图 5-28　数值调节按钮效果

5.3　可视化的数据图表

图表能帮助用户更直观地观察数据变化趋势，而这些信息在工作表中却很难辨别。Excel 能根据工作表中的数据创建图表，即将行和列的数据转换成有意义的图像。

5.3.1　图表的基础知识

1．Chart 对象

图表作为 Excel 非常重要的分析工具，能实现以图表形式展示数据的功能，从而达到分析报告的作用。图表在 Excel 中是由 Chart 对象控制的，它分为工作簿中的 Chart 对象（作为独立的图表页存在）和工作表中的 Chart 对象（作为嵌入工作表中的图表对象存在）。两者的属性和方法类似，主要区别就是存放文中不同。本节主要介绍工作表中的 Chart 对象，学习利用它的属性和方法来实现对图表的自动化控制。

（1）常用的属性。

① Active Chart 属性：此属性是 Chart 对象最常用的属性，在实际运用中，对图表对象的设置一般都是通过它来完成的。

② ChartType 属性：返回或设置图表的类型，xlChartType 类型，可读写。常用的图表类型如表 5-4 所示。

表 5-4　常用的图表类型

图表类型	描　述	xlChartType 常量
柱形图	簇状柱形图	xlColumnClustered
	3D 簇状柱形图	xl3DColumnClustered
	堆积柱形图	xlColumnStacked
	3D 堆积柱形图	xl3DColumnStacked
	百分比堆积柱形图	xlColumnStacked100
	3D 百分比堆积柱形图	xl3DColumnStacked100
	3D 柱形图	xl3DColumn
条形图	簇状条形图	xlBarClustered
	3D 簇状条形图	xl3DBarClustered
	堆积条形图	xlBarStacked
	3D 堆积条形图	xl3DBarStacked
	百分比堆积条形图	xlBarStacked100
	3D 百分比堆积条形图	xl3DBarStacked100
折线图	折线图	xlLine
	数据点折线图	xlLineMarkers
	堆积折线图	xlLineStacked
	堆积数据点折线图	xlLineMarkersStacked
	百分比堆积折线图	xlLineStacked100
	百分比堆积数据点折线图	xlLineMarkersstacked100
	3D 折线图	xl3DLine
饼图	饼图	xlPie
	分离型饼图	xlPieExploded
	3D 饼图	xl3DPie
	分离型 3D 饼图	xl3DPieExploded
	复合饼图	xlPieOfPie
	复合条饼图	xlBarOfPie
散点图	散点图	xlXYScatter
	平滑线散点图	xlXYScatterSmooth
	无数据点平滑线散点图	xlXYScatterSmoothNoMarkers
	折线散点图	xlXYScatterLines
	无数据点折线散点图	xlXYScatterLinesNoMarkers
气泡图	气泡图	xlBubble
	3D 气泡图	xlBubble3DEffect
面积图	面积图	xlArea
	3D 面积图	xl3DArea
	堆积面积图	xlAreaStacked
	3D 堆积面积图	Xl3DAreaStacked

图表类型	描　述	xlChartType 常量
面积图	百分比堆积面积图	xlAreaStacked100
	3D 百分比堆积面积图	xl3DAreaStacked100
圆环图	圆环图	xlDoughnut
	分离型圆环图	xlDoughnutExploded
雷达图	雷达图	xlRadar
	数据点雷达图	xlRadarMarkers
	填充雷达图	xlRadarFilled
曲面图	3D 曲面图	xlSurface
	曲面图(俯视)	xlSurfaceTopView
	3D 曲面图(框架图)	xlSurfaceWireframe
	曲面图(俯视框架图)	xlSurfaceWireframeTopView
股价图	盘高—盘低—收盘图	xlStockHLC
	成交量—盘高—盘低—收盘图	xlStockVHLC
	开盘—盘高—盘低—收盘图	xlStockOHLC
	成交量—开盘—盘高—盘低—收盘图	xlStockVOHLC
圆柱图	柱形圆柱图	xlCylinderColClustered
	条形圆柱图	xlCylinderBarColClustered
	堆积柱形圆柱图	xlCylinderColStacked
	堆积条形圆柱图	xlCylinderBarStacked
	百分比堆积柱形圆柱图	xlCylinderColStacked100
	百分比堆积条形圆柱图	xlCylinderBarStacked100
	3D 柱形圆柱图	xlCylinderCol
圆锥图	柱形圆锥图	xlConeColClustered
	条形圆锥图	xlConeBarClustered
	堆积柱形圆锥图	xlConeColStacked
	堆积条形圆锥图	xlConeBarStacked
	百分比堆积柱形圆锥图	xlConeColStacked100
	百分比堆积条形圆锥图	xlConeBarStacked100
	3D 柱形圆锥图	xlConeCol
棱锥图	柱形棱锥图	xlPyramidColClustered
	条形棱锥图	xlPyramidBarClustered
	堆积柱形棱锥图	xlPyramidColStacked
	堆积条形棱锥图	xlPyramidBarStacked
	百分比堆积柱形棱锥图	xlPyramidColStacked100
	百分比堆积条形棱锥图	xlPyramidBarStacked100
	3D 柱形棱锥图	xlPyramidCol

③ ChartTitle 属性：用来设置图表的标题，只有当 HasTitle 值为 True 时才能用。

（2）常用的方法。

① SetSourceData 方法：给指定图表设置数据源区域，语法格式为。

```
expression.SetSourceData(Source,PlotBy)
```

参数含义

- expression：必需的，该表达式返回一个 Chart 对象。
- Source：Range 类型，是可选项，包含数据源的区域。
- PlotBy：Variant 类型，是可选项，用于指定数据绘制的方式，取值可以为 xlColumns 或 xlRows 两个 xlRowCol 常量之一。

② SeriesCollection 方法：返回代表图表或图表组中的单个数据系列（Series 对象）或所有数据系列的集合（SeriesCollection 集合）的对象，语法格式如下。

```
expression. SeriesCollection(Index)
```

参数含义

- expression：是必需的。该表达式返回一个 Chart 对象或 ChartGroup 对象。
- Index：Variant 类型，是可选项。表示数据系列的名称或编号。

③ Axes 方法：返回代表图表上单个坐标轴或坐标轴集合的某个对象，语法格式如下。

```
expression.Axes(Type,AxisGroup)
```

参数含义

- expression：是必需的。该表达式返回一个 Chart 对象。
- Type：Variant 类型，是可选项。用于指定要返回的坐标轴，可以是 xlValue、xlCategory 或者 xlSeriesAxis（仅对三维图表有效）xlAxisType 常量之一。
- AxisGroup：xlAxisGroup 类型，是可选项。用于指定坐标轴组。若省略，则使用主坐标轴组。

2. 图表中的主要元素

在介绍图表常用操作函数之前,先了解一下图表中的主要元素,以便更好的理解各种函数。

（1）图表区（ChartArea）。

（2）绘图区（PlotArea）。

调整绘图区的大小以及在图表中的位置，指定绘图区的 Top、Left、Height 和 Width 属性。

（3）数据系列（Series）。

（4）图表轴（Axis）。

（5）网格线（HasMajorGridlines 和 HasMinorGridlines）。

根据需要可以选择显示或者不显示主要网格线或次要网格线。若显示网格线，可以设置线条的图案（颜色、线宽、线条样式等）。

（6）数据标签（DataLabels 和 DataLabel）。

① 在图表中所有系列的所有点显示特定类型的数据标签或不显示数据标签。

ActiveChart.ApplyDataLabels Type:=xlDataLabelsShowNone

② 特定系列显示数值(Y)作为数据标签。

```
With ActiveChart.SeriesCollection("Xdata")
    .HasDataLabels=True
    .ApplyDataLabels Type:=xlDataLabelsShowValue
End With
```

③ 特定的点在数据标签中显示文字如下。

```
With ActiveChart.SeriesCollection("Xdata").Points(1)
    .HasDataLabels=True
    .DataLabel.Text="MyLabel"
End With
```

将公式放置在某个系列某特定点的数据标签中（在公式中需使用 RC 样式）。

```
With ActiveChart.SeriesCollection("Xdata").point(1)
    .HasDataLabels=True
    .DataLabel.Text="Sheet1.R1C1"
End With
```

（7）图表标题、图例和数据表（ChartTitle、HasLegend 和 HasDataTable）。
指定图表标题和图例的位置、文字和文字格式。
（8）趋势线和误差线（Trendlines 和 ErrorBar）。

3．图表操作函数

（1）ActiveSheet.ChartObjects.Count：获取当前工作表中图表的个数。
（2）ActiveSheet.ChartObjects("chart1").Select：选中当前工作表中图表 chart1。
（3）ActiveSheet.ChartObjects("chart1").Activate：选中当前图表区域。
（4）ActiveChart.ChartArea.Select：选中当前图表区域。
（5）Charts.Add：增加图表。
（6）ActiveChart.SetSourceData Source:=mydatesource, PlotBy:=xlColumns：指定图表的数据源并按列排列。
（7）ActiveChart.Location Where:=xlLocationAsNewSheet：设置活动图表为另一个新的工作图表。
（8）Worksheets("Sheet1").ChartObjects(1).Chart.ExportFilename:="图片路径", filename:="图片格式"：将图表 1 导出到指定路径的指定格式的图片。
（9）ActiveSheet.ChartObjects.Delete：删除工作表上所有的 ChartObject 对象。
（10）ActiveWorkbook.Charts.Delete：删除当前工作簿中所有的图表工作表。

5.3.2　自动生成图表

本节主要介绍如何灵活运用 VBA 实现图表的自动化生成。图表制作一般都是针对特定类型的工作表，下面以分析某公司产品 1～4 月销售情况为例学习图表自动生成的方法。

1．自动生成图表

第一步：编写代码。
打开 Visual Basic 编辑器或【Alt+F11】组合键，双击 sheet1，在代码窗口编写如下代码。

```
Sub 生成图表()
    Dim myData As String, sh As String
```

```
        myData = Selection.Address
        sh = ActiveSheet.Name
        Charts.Add
        ActiveChart.ChartType = xlColumnClustered
        ActiveChart.SetSourceData Source:=Sheets(sh).Range(myData), PlotBy:=xlColumns
        ActiveChart.Location Where:=xlLocationAsObject, Name:=sh
        With ActiveChart
         .HasTitle = True
         .ChartTitle.Characters.Text = "产品 1~4 月销售情况"
         .Axes(xlCategory, xlPrimary).HasTitle = True
         .Axes(xlCategory, xlPrimary).AxisTitle.Characters.Text = "产品种类"
         .Axes(xlValue, xlPrimary).HasTitle = True
        .Axes(xlValue, xlPrimary).AxisTitle.Characters.Text = "月份"
        End With
        ActiveChart.ChartArea.Select
End Sub
```

代码解释

- myData = Selection.Address：设置变量 myData 为当前选取的单元格区域。
- sh = ActiveSheet.Name：设置变量 sh 为当前工作表的名称。
- Charts.Add：添加图表。
- ActiveChart.ChartType = xlColumnClustered：图表类型为柱形图。
- ActiveChart.SetSourceData Source:=Sheets(sh).Range(myData), PlotBy:=xlColumns：设置图表数据源为 myData（当前选取的单元格区域），数据系列为数据源中的列。
- ActiveChart.Location Where:=xlLocationAsObject, Name:=sh：设置图表的位置是当前工作表 sh。
- With ActiveChart：设置图表的各项参数。
- .HasTitle = True：有图表标题。
- .ChartTitle.Characters.Text = "产品 1~4 月销售情况"：设置图表标题。
- .Axes(xlCategory, xlPrimary).HasTitle = True：有主要横坐标标题。
- .Axes(xlCategory, xlPrimary).AxisTitle.Characters.Text = "产品种类"：设置主要横坐标标题的文字。
- .Axes(xlValue, xlPrimary).HasTitle = True：有主要纵坐标标题。
- .Axes(xlValue, xlPrimary).AxisTitle.Characters.Text = "月份"：设置主要纵坐标标题的文字。
- ActiveChart.ChartArea.Select '：选取当前图表的绘图区。

第二步：创建表单控件"生成图表"按钮，并指定宏。

在【开发工具】→【控件】→【插入】中选择按钮控件，在工作表合适位置插入控件。用鼠标右键单击【生成图表】按钮，在弹出的菜单中选择"指定宏"选项，如图 5-29 所示。

第三步：自动生成图表。

选择生成图表的数据区域，单击【生成图表】按钮，则自动生成图表，适当调整图表位置，效果如图 5-30 所示。

图 5-29　指定宏

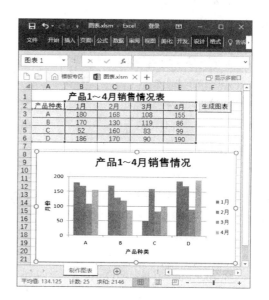

图 5-30　生成图表

2.　导出图表

若想将图表导出为 gif 格式的图片，保存到本工作簿所在路径，并以当前时间命名，则可编写如下代码。

```
Sub 图表导出为图片()
    'ActiveChart.Export 指导出当前活动图表
    'ThisWorkbook.Path 指当前工作簿的路径
    ActiveChart.Export ThisWorkbook.Path & "\" & Format(Now(), "yymmddhhmm") & ".gif", "gif"
End Sub
```

同样，在工作表合适位置插入一个"导出图表"按钮，并指定宏为"图表.xlsm!Sheet1.图表导出为图片"。

5.3.3　修改图表

1.　调整纵坐标标题格式

若想调整图 5-30 图表的属性，如调整纵坐标标题格式，可以采用以下步骤实现。

第一步：编写代码。

打开 Visual Basic 编辑器或【Alt+F11】组合键，双击 sheet1，在代码窗口编写如下代码。

```
Sub 调整纵坐标标题格式()
    With ActiveChart.Axes(xlValue, xlPrimary).AxisTitle
        .HorizontalAlignment = xlCenter
        .VerticalAlignment = xlCenter
        .Orientation = xlVertical
```

```
        .Font.Color = vbRed
        .Font.Background = xlTransparent
        .Border.LineStyle = xlDot
        .Border.Color = vbRed
        .Shadow = False
    End With
End Sub
```

代码解释

- .HorizontalAlignment = xlCenter：水平居中对齐。
- .VerticalAlignment = xlCenter：垂直居中对齐。
- .Orientation = xlVertical：文字方向—竖立。
- .Font.Color = vbRed：文字颜色为红色。
- .Font.Background = xlTransparent：文字背景—透明。
- .Border.LineStyle = xlDot：边框线形—虚线。
- .Border.Color = vbRed：边框颜色为红色。
- .Shadow = False：边框没有阴影。

第二步：创建表单控件"调整纵坐标格式"按钮，并指定宏。

单击【开发工具】→【控件】→【插入】中选择按钮控件，在工作表合适位置插入控件。用鼠标右键单击【调整纵坐标格式】按钮，在弹出的菜单中选择"指定宏"选项，在弹出的对话框中选择已创建的宏名"图表.xlsm!Sheet1.调整纵坐标标题格式"。

第三步：运行测试。

选中已生成的图表，单击【调整纵坐标格式】按钮，效果如图 5-31 所示。

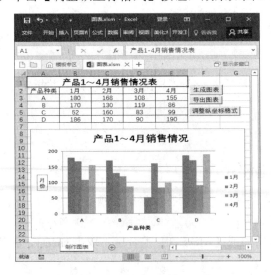

图 5-31　修改图表纵坐标标题格式

2. 图表左右反转

在图 5-31 的图表基础上，若实现图表左右反转，只要设置图表分类轴（横轴）的参数即可，编写如下代码。

```
Sub 图表左右转变()
  With ActiveChart.Axes(xlCategory)     '设置图表分类轴(横轴)的参数
    If .ReversePlotOrder = True Then
      .ReversePlotOrder = False     '若分类次序已反转,则分类次序不反转
    Else
      .ReversePlotOrder = True      '否则,分类次序反转
    End If
  End With
End Sub
```

同样,在工作表的合适位置插入一个"图表左右反转"按钮,并指定宏为"图表.xlsm!
Sheet1.图表左右转变",运行效果如图 5-32 所示。

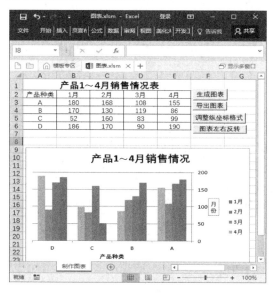

图 5-32　图表左右反转

3. 图表上下反转

在图 5-32 所示的图表基础上,若实现图表上下反转,只要设置图表数值轴(纵轴)的参
数即可,编写如下代码。

```
Sub 图表上下转变()
  With ActiveChart.Axes(xlValue)     '设置图表数值轴(纵轴)的参数
    If .ReversePlotOrder = True Then
      .ReversePlotOrder = False     '若数值次序已反转,则数值次序不反转
    Else
      .ReversePlotOrder = True      '否则,数值次序反转
    End If
  End With
End Sub
```

同样，在工作表的合适位置插入一个"图表上下反转"按钮，并指定宏为"图表.xlsm!Sheet1.图表上下转变"，运行效果如图 5-33 所示。

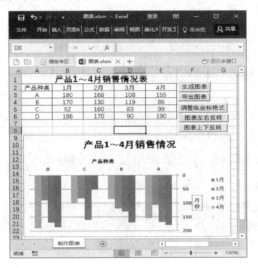

图 5-33　图表上下反转

4．更改图表类型

同样的数据，用不同的图表类型进行展示会达到不同的效果。用户可以通过修改图表的 ChartType 属性快速修改图表类型。本例仍然使用表单控件实现图表类型的选择，方法如下。

第一步：创建表单控件，设置控件格式。

在【开发工具】→【控件】→【插入】中选择组合框控件，在工作表的合适位置插入该控件。用鼠标右键单击组合框控件，在弹出的菜单中选择"设置控件格式"选项，设置参数如图 5-34 所示。

图 5-34　设置组合框控件格式

第二步：编写代码。

打开 Visual Basic 编辑器或【Alt+F11】组合键，双击 sheet1，在代码窗口编写如下代码。

```
Sub 更改图表类型()
  Dim lx
  lx = Cells(1, "f")   '获取组合框对应图表项的值
  Sheets("制作图表").ChartObjects(1).Activate   '选定已有图表
  If lx = 1 Then
    ActiveChart.ChartType = xlColumnClustered   '簇状柱形图
  Else
    ActiveChart.ChartType = xlLine   '折线图
  End If
End Sub
```

第三步：指定宏。

用鼠标右键单击组合框控件，在弹出的菜单中选择"指定宏"选项，选择宏名"图表.xlsm!Sheet1.更改图表类型"。

第四步：优化设计，运行测试。

将单元格 F1 和 G2：G3 的字体颜色设置为白色，以隐藏中间过程。选择组合框中的"折线图"，则图表由原来的柱状图更改为折线图，效果如图 5-35 所示。

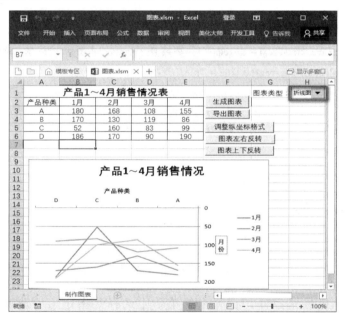

图 5-35　更改图表类型

5.3.4　批量处理图表

在实际应用中，有时候需要把一张总表的数据进行总体分析后，进一步拆分成多张表进行分析，如在分析所有学生各科成绩总体情况后，为了有针对性地了解每个学生的学习情况，需要单独进行分析。本节主要以学生成绩分析为例，介绍如何为工作表中的每个数据区域创建一张图表，即批量生成图表，以及批量删除图表。

1. 批量生成图表

本例仅选取部分学生（4 名学生）的成绩进行分析，主要目的在于介绍批量生成图表的方法，用户在掌握方法的基础上，可以根据实际数据量进行修改。

第一步：创建表单控件。

单击【开发工具】→【控件】→【插入】中选择按钮控件，在工作表的合适位置插入该控件。

第二步：编写代码。

打开 Visual Basic 编辑器【Alt+F11】组合键，双击 sheet6，在代码窗口编写如下代码。

```
Sub 批量生成图表()
    Dim mydatesoure As Range
    For i = 2 To 5
        Set mydatesoure = Sheets("学生成绩表").Range("a" & i & ":d" & i)        Charts.Add
        ActiveChart.ChartType = xlColumnClustered
        ActiveChart.SetSourceData Source:=mydatesoure, PlotBy:=xlColumns
        ActiveChart.Location Where:=xlLocationAsObject, Name:=Sheets("学生成绩表").Name        '设置图表的
位置是当前工作表 sh
        With ActiveChart
            .HasTitle = True
            .ChartTitle.Characters.Text = Sheets("学生成绩表").Range("a" & i) & "同学的成绩单"
            .Axes(xlValue, xlPrimary).HasTitle = True
            .Axes(xlValue, xlPrimary).AxisTitle.Characters.Text = "成绩"
            .SetElement (msoElementLegendTop) '添加图例
            .SeriesCollection(1).Name = "=学生成绩表!$B$1"
            .SeriesCollection(2).Name = "=学生成绩表!$c$1"
            .SeriesCollection(3).Name = "=学生成绩表!$d$1"
        End With
        ActiveChart.ChartArea.Select        '选取当前图表的绘图区
    Next
End Sub
```

第三步：指定宏。

用鼠标右键单击按钮控件，在弹出的菜单中选择"指定宏"选项，选择宏名"图表.xlsm!Sheet6.批量生成图表"。

第四步：运行测试。

单击【批量生成图表】按钮，则在统一绘图区自动生成 4 名同学的成绩单，效果如图 5-36 所示（为便于观察，4 张图表已经展开）。

2. 批量删除图表

若批量删除当前活动工作表中的所有图表，只要编写如下代码，同样为表单控件"批量删除图表"按钮指定相应的宏名，运行即可。

```
Sub 批量删除图表()
    ActiveSheet.ChartObjects.Delete
End Sub
```

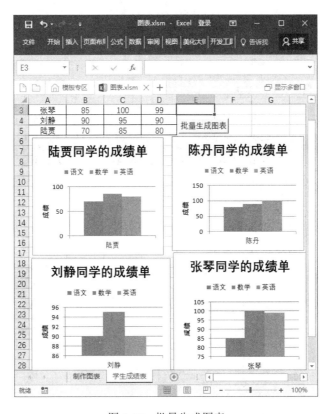

图 5-36　批量生成图表

5.4　习题

1．利用本章所学知识，设计一个时间查看系统。功能要求为单击【显示时间】按钮后，在标签上显示当前时间；单击【离开】按钮后，窗体关闭。界面设计如图 5-37 所示。

2．利用本章所学知识，设计一个简单的点菜程序。功能要求为打开点菜界面，则可以在左边列表框中显示本店菜品；用户单击【》】按钮可将所选菜品添加到右边列表框（已点菜品）中；单击【《】按钮，弹出一个退菜提示框，若用户确定退掉已点菜品中选定的菜，则删除该项；单击【确定点菜】按钮，则提示"您的菜单已派送给后厨，请稍后。"，同时退出点菜界面。界面设计如图 5-38 所示。

3．利用本章所学知识，设计一个简单的单选题答题程序。功能要求为在工作表 1（单选题）中选择每道题的答案，单击【提交】按钮，则在下方答题卡区域显示各题所选答案，界面设计如图 5-39 所示。

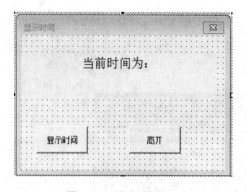

图 5-37　显示时间

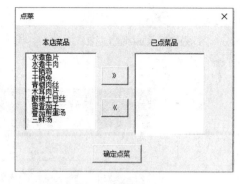

图 5-38　点菜界面设计

图 5-39　答题程序设计

4．利用本章所学知识，设计一个身份证解析程序。功能如下：输入身份证号，单击工作表中的【解析】按钮，能自动解析出生年月和性别并写入到对应单元格中，界面设计如图 5-40 所示。

图 5-40　解析身份证

5. 编写 VBA 代码，实现制作图表。功能要求为单击【制作图表】按钮，同时生成 5 个图表。第 1 个图表显示计算机专业近 4 届的就业情况，后面 4 个图表分别显示每届学生的就业情况。制作图表结果如图 5-41 所示。

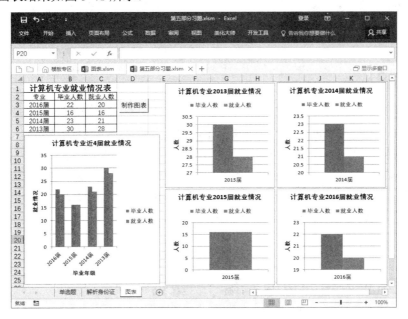

图 5-41　制作图表

6. 在图 5-41 中使用代码设置第 1 张图表的数值轴属性，要求字体为"黑体"，字号为"12"，字体颜色为"蓝"。修改后的效果如图 5-42 所示。

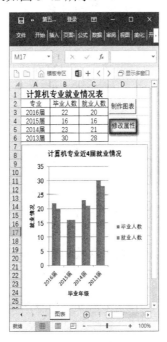

图 5-42　修改图表属性

第6章▶▶

效率提升

通过对 VBA 基础知识的学习，本章进入了效率提升阶段，主要从数据字典、正则表达式、文件系统三个方面进行讲解。数据字典是在数组的基础上出现的，是程序设计的数据映射类型。字典对象是可变的，它是一个容器类型，能存储任意个数的 VBA 对象，其中也可包括其他容器类型。正则表达式是个强大的文本查找替换工具，在 VBA 中使用正则表达式的通用代码可以简化程序，提高程序的运行速度和效率。而恰到好处的使用文件系统，可以使程序达到事半功倍的效果。

6.1 比数组更好用的数据容器——数据字典

6.1.1 概念

和普通意义的字典定义是一样的,通过查找某个关键字,进而查到这个关键字的种种解释,非常快捷实用。它是脚本语言中一个比较重要的对象，其作用如下。

（1）如果在同类数据记录中有多条记录，则记录第一次或是最后一次出现的数据。

（2）去掉重复的值。

（3）合并计算。对于同类的对象，可能有不同的度量值，利用字典可进行合并计算。

（4）自动查询。输入类名，自动补全需要的数据。

6.1.2 引用

数据字典有前期绑定和后期绑定两种方法进行加载。

1．前期绑定

单击【工具】→【引用】→【浏览】，在弹出的对话框中输入如图 6-1 所示的文件名，单击【确定】按钮。

加载了动态数据库后，再在引用的对象中找出如图 6-2 所示的对象。

前期绑定后，直接在代码编辑框中进行定义变量就可以引用了。

```
Dim dic As New Dictionary
```

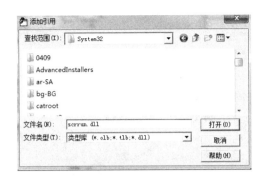

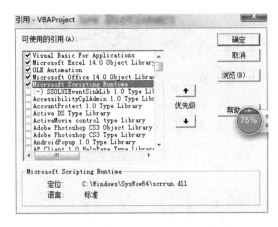

图 6-1 "添加引用"对话框   图 6-2 添加对象

2. 后期绑定

后期绑定，则不需要在写代码前进行引用操作，直接在代码框中创建一个数据字典对象，即可。

```
Set d = CreateObject("scripting.dictionary")
```

6.1.3 语法

字典对象相当于一种联合数组，它是由具有唯一性的关键字（Key）和它的项（Item）联合组成。如字典的"典"字就是具有唯一性的关键字，后面的解释就是它的项，和"典"字联合组成一对数据。

常用关键字的英汉对照如下。

Dictionary：字典，

Key：关键字，

Item：项，或者译为条目，

字典对象的方法包括 Add 方法、Keys 方法、Items 方法、Exists 方法、Remove 方法、Removeall 方法；属性包括 Item 属性、Key 属性、Comparemode 属性、Count 属性（后两个属性不常用，这里不作介绍）。

1. 方法

（1）Add，增加关键字及解释。

向 Dictionary 对象中添加一个关键字项目对，如图 6-3 所示。

object.Add (key, item)

参数含义

● Object：必选项。总是一个 Dictionary 对象的名称。

● Key：必选项。与被添加的 item 相关联的 key。

● Item：必选项。与被添加的 key 相关联的 item。

说明：如果 key 已经存在，那么将导致一个错误。

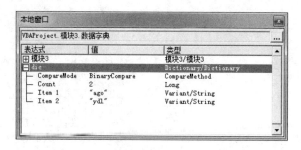

图 6-3　添加数据字典后运行的效果

```vba
Sub test()
    Dim dic As New Dictionary
    dic.Add "ago", "my"
    dic.Add "ydl", "your"
End sub
```

代码解释

- 增加关键字 ago，解释内容为 my。
- 增加关键字 ydl，解释内容为 your。

（2）Keys，获取关键字。

返回一个数组，其中包含了一个 Dictionary 对象中的全部现有的关键字，如图 6-4 所示。

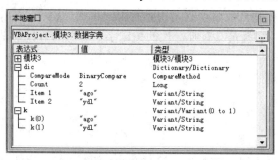

图 6-4　获取数据字典中的关键字

object.Keys( )

其中 object 总是一个 Dictionary 对象的名称。

```vba
Sub test()
    Dim dic As New Dictionary
    dic.Add "ago", "my"
    dic.Add "ydl", "your"
    k = dic.Keys()
End sub
```

（3）Items，获取解释内容。

获取字典中的所有解释内容，返回的是一个数组，如图 6-5 所示。

Object.items()

```
Sub test()
    Dim dic As New Dictionary
    dic.Add "ago", "my"
    dic.Add "ydl", "your"
    k = dic.items()
End sub
```

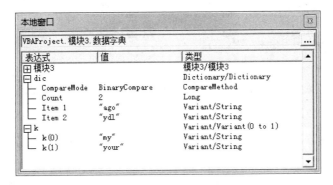

图 6-5　获取数据字典中的 item

（4）Exists，查询某个关键字是否存在。

查询某个关键字是否存在于字典中，返回结果为 True 或 False，如图 6-6 所示。

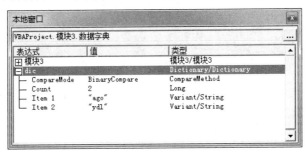

图 6-6　数据字典中的原始数据

Object.exists（要查询的关键字）

```
Sub 数据字典()
    Dim dic As New Dictionary
    Dim msg As Boolean
    dic.Add "ago", "my"
    dic.Add "ydl", "your"
    k = dic.Items()
    msg = dic.Exists("ago")
End Sub
```

代码解释

定义变量 msg 为布尔类型的变量，返回的是 true 或是 false，当 exists 后面的关键字在字典中有时，则返回 true，否则返回 false。

（5）Remove，移除某个关键字。

移除某个关键字及相应的解释内容，如图 6-7 所示。

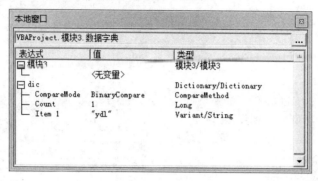

图 6-7　运行了删除关键字后的效果

object.Remove(key)

```
Sub 数据字典()
    Dim dic As New Dictionary
    Dim msg As Boolean
    dic.Add "ago", "my"
    dic.Add "ydl", "your"
    k = dic.Items()
    msg = dic.remove ("ago")
End Sub
```

当运行到 remove 语句时，关键字"ago"及解释内容"my"，就被移除了。

（6）Removeall，清空字典。

移除字典中的所有关键字。

```
Sub 数据字典()
    Dim dic As New Dictionary
    dic.Add "ago", "my"
    dic.Add "ydl", "your"
    dic.removeall
End Sub
```

2. 属性

（1）Item，在字典中设置或者返回所指定 key 的 item。对于集合则根据所指定的 key 返回一个 item。读/写。

object.Item(key)[= newitem]

参数含义

key，必选项。与要被查找或添加的 item 相关联的 key。

Newitem，可选项。仅适用于 Dictionary 对象；newitem 就是与所指定的 key 相关联的新值。

说明： 如果在改变 key 时没有找到该 item，那么将利用所指定的 newitem 创建一个新的 key。如果在试图返回一个已有项目时没有找到 key，那么将创建一个新的 key 且其相关的项目被设置为空。

```
Sub 数据字典()
    Dim dic As New Dictionary

    dic.Add "ago", "my"
    dic.Add "ydl", "your"

    s = dic.Item("ydl")
    dic.Item("ydl") = "123"
    s1 = dic.Item("ydl")

    y = dic.Item("ok")
    dic.Item("ok123") = "0123"
    y1 = dic.Item("ok123")
End Sub
```

代码解释

- dic.item(关键字)，当关键字已经存在于字典中，则显示已经存在的解释内容 item，如图 6-8 所示。

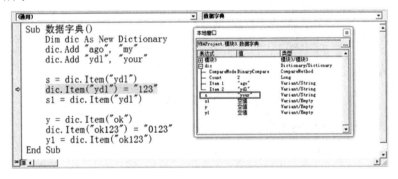

图 6-8　数据字典的原始数据

- dic.item(关键字)=新内容，当关键字已经存在于字典中，则修改该关键字的解释内容 item 值为 "新内容"，如图 6-9 所示。
- dic.item(关键字)，当关键字不存在于字典中，则在字典中新增加该关键字，如图 6-10 所示该关键字没有解释内容 item。
- dic.item(关键字)=新内容，当关键字不存在于字典中，则在字典中新增加该关键字，如图 6-11 所示该关键字的解释内容 item 为 "新内容"。

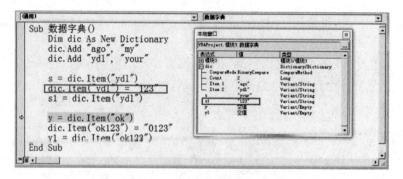

图 6-9 修改关键字的解释内容

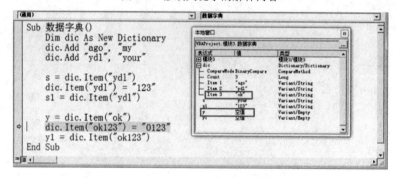

图 6-10 在字典中增加关键字

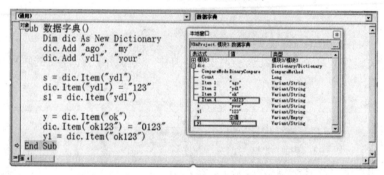

图 6-11 在字典中增加关键字及解释内容

（2）key，在 Dictionary 对象中设置一个 key。

object.key(key) = newkey

参数含义

● Object，必选项。总是一个字典 (Dictionary) 对象的名称。

● key，必选项。被改变的 key 值。

● Newkey，必选项。替换所指定的 key 的新值。

说明：如果在改变一个 key 时没有发现该 key，那么将创建一个新的 key 并且其相关联的 item 被设置为空。

Object.key(旧关键字)=新关键字，

```
Sub test()
    Dim dic As New Dictionary
```

```
        dic.Add "ago", "my"
        dic.Add "ydl", "your"
        dic.key("ydl")="he"
end sub
```

代码解释

Dic.key("ydl")="he"，将字典中存在的关键字 ydl 改为"he"，item 值不变，如图 6-12、图 6-13 所示。

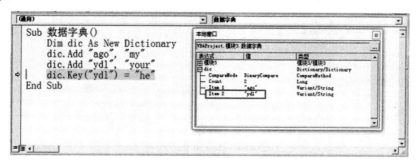

图 6-12　字典中原来的数据

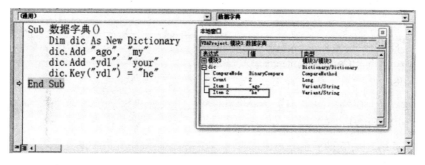

图 6-13　修改后字典中的数据

```
Sub test()
Dim dic As New Dictionary
dic.Add "ago", "my"
dic.Add "ydl", "your"
dic("ydl") = "ok"
dic("ok13") = "123"       end sub
```

代码解释

● dic("ydl") = "ok"，将字典中存在的关键字替换成 OK,item 值不变。

● dic("ok13") = "123"，在字典中新增加关键字 ok13,item 为 123。

6.1.4　实例

1. 删除重复项

利用字典的基本特性，关键字的唯一性，可以删除数据的重复项，保证数据的唯一性。如会议签到时，因有些人会代签，无法统计具体有多少人参会及人员名单，如图 6-14 所示。

图 6-14 删除重复的人名

```
Sub  删除重复项()
    Dim arr
    Dim hang As Integer
    Set d = CreateObject("scripting.dictionary")
    With Sheets("姓名")
        hang = .Cells(Rows.Count, "a").End(xlUp).Row
        arr = .Range("a1:a" & hang)
        For i = 1 To UBound(arr)
            d(arr(i, 1)) = ""
        Next i
        [c1].Resize(d.Count) = Application.Transpose(d.Keys)
    End With
End Sub
```

代码解释

- Set d = CreateObject("scripting.dictionary")：后绑定字典，产生一个字典对象。
- hang = .Cells(Rows.Count, "a").End(xlUp).Row：求出 A 列中有数据填充的最后一行的行号。
- arr = .Range("a1:a" & hang)：将 A 列有数据的范围赋值给数据 arr。
- For i = 1 To UBound(arr)：循环从 1 到数组的上限。
- d(arr(i, 1)) = ""：将数组 arr 中第 i 行的值添加到字典中，item 值为空。
- [c1].Resize(d.Count) = Application.Transpose(d.Keys)
  'd.count：统计字典中关键字的个数。
  '[c1].Reisze(d.count)：将 C1 单元格的重新定义为 d.count 单元格个数。
  'Transpose(d.Keys)：将字典中所有的关键字的数组，转换为二维数组。

'[c1].Resize(d.Count) = Application.Transpose(d.Keys)：将字典中所有的关键字取出放在 C1 开始，行扩展 d.count 个的单元格中。

2．统计出现的次数

利用字典的解释内容，可以查看哪些人是重复签了多次。

```
Sub 统计出现次数()
    Dim arr
    Dim hang As Integer
    Set d = CreateObject("scripting.dictionary")
    With Sheets("姓名")
        hang = .Cells(Rows.Count, "a").End(xlUp).Row
        arr = .Range("a1:a" & hang)
        For i = 1 To UBound(arr)
            d(arr(i, 1)) = d(arr(i, 1))+1
        Next i
        [c1].Resize(d.Count) = Application.Transpose(d.Keys)
        [d1].Resize(d.Count) = Application.Transpose(d.items)
    End With
End Sub
```

代码解释

- Set d = CreateObject("scripting.dictionary")：后期绑定字典，产生一个字典对象。
- hang = .Cells(Rows.Count, "a").End(xlUp).Row：求出 A 列中有数据填充的最后一行的行号。
- arr = .Range("a1:a" & hang)：将 A 列有数据的范围赋值给数据 arr。
- For i = 1 To UBound(arr)：循环从 1 到数组的上限。
- d(arr(i, 1)) = d(arr(i, 1))+1 ：将数组 arr 中第 i 行的值添加到字典中，并取出 I 行作为关键字，其 item 值+1。
- [c1].Resize(d.Count) = Application.Transpose(d.Keys)
  d.count：统计字典中关键字的个数。

  [c1].Reisze(d.count)：将 C1 单元格的重新定义为 d.count 单元格个数。

  Transpose(d.Keys)：将字典中所有的关键字的数组，转换为二维数组。

'[d1].Resize(d.Count) = Application.Transpose(d.Keys)：将字典中所有的解释内容用 item 取出放在 d1 开始，行扩展 d.count 个的单元格中，如图 6-15 所示。

3．分类汇总

利用数据字典中的关键字以及解释内容的特点，可以进行分类汇总，如图 6-16 所示中根据一个人的多个成绩，可以算出总成绩，虽然数组也可以实现此功能，但是效率不如数据字典高。

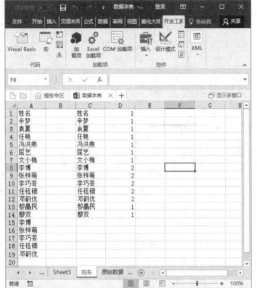

图6-15　统计重复项次数

图6-16　分类汇总

```
Sub 分类汇总()
    Dim arr
    Dim hang As Integer
    Set d = CreateObject("scripting.dictionary")
    With Sheets("test")
        hang = .Cells(Rows.Count, "a").End(xlUp).Row
        arr = .Range("a1:b" & hang)
        For i = 1 To UBound(arr)
            d(arr(i, 1)) = d.Item(arr(i, 1)) + arr(i, 2)
        Next i
        [e1].Resize(d.Count) = Application.Transpose(d.Keys)
        [f1].Resize(d.Count) = Application.Transpose(d.Items)
    End With
End Sub
```

代码解释

- Set d = CreateObject("scripting.dictionary")：后期绑定字典，产生一个字典对象。
- hang = .Cells(Rows.Count, "a").End(xlUp).Row：求出 A 列中有数据填充的最后一行的行号。
- arr = .Range("a1:a" & hang)：将 A 列有数据的范围赋值给数据 arr。
- For i = 1 To UBound(arr)：循环从 1 到数组的上限。
- d(arr(i, 1)) = d.Item(arr(i, 1)) + arr(i, 2)

将数组 arr 中第 i 行的值添加到字典中，并取出 I 行作为关键字，其 item 值=原来该关键字的item+当前第i行B列对应的值。

[c1].Resize(d.Count) = Application.Transpose(d.Keys)。

- d.count：统计字典中关键字的个数。

[e1].Resize(d.Count)：将 C1 单元格的重新定义为 d.count 单元格个数。

Transpose(d.Keys)：将字典中所有的关键字的数组，转换为二维数组。

'[f1].Resize(d.Count) = Application.Transpose(d.Keys)：将字典中所有的解释内容用 item 取出放在 d1 开始，行扩展 d.count 个的单元格中。

4．多列合并计算

利用数据字典关键字的唯一性，以及解释内容的多操作性，可以实现多列数据的合并计算，将同一个人的不同科目成绩分别相加，如图 6-17 所示。

图 6-17　成绩的多列合并计算

```
Sub 多列合并计算()
    Dim arr1()
    Set d = CreateObject("scripting.dictionary")
    arr = Range("a2:d" & Cells(Rows.Count, 2).End(xlUp).Row)
    For i = 1 To UBound(arr)
        If Not d.exists(arr(i, 1)) Then
            n = n + 1
            d(arr(i, 1)) = n
            ReDim Preserve arr1(1 To 4, 1 To n)
            arr1(1, n) = arr(i, 1)
            arr1(2, n) = arr(i, 2)
            arr1(3, n) = arr(i, 3)
            arr1(4, n) = arr(i, 4)
        Else
            m = d(arr(i, 1))
            arr1(2, m) = arr1(2, m) + arr(i, 2)
            arr1(3, m) = arr1(3, m) + arr(i, 3)
            arr1(4, m) = arr1(4, m) + arr(i, 4)
        End If
    Next
```

```
    [f2].Resize(n, 4) = Application.Transpose(arr1)
End Sub
```

代码解释

- If Not d.exists(arr(i, 1)) Then：判断字典中是否有第 i 行的值为关键字。
- n = n + 1：学生个数的计算。
- d(arr(i, 1)) = n：将 arr(i,1)作为字典中的关键字增加，item 为 n。
- ReDim Preserve arr1(1 To 4, 1 To n)：重新定义数组 arr1。
- arr1(1, n) = arr(i, 1)：将第 i 行的姓名增加到 arr1 中。
- m = d(arr(i, 1))：取出 i 同学的 item 值，标识它在字典中为第几个位置。
- arr1(2, m) = arr1(2, m) + arr(i, 2)：将 arr1 存放的第 m 个的位置+当前该同学的成绩，存储在 arr1 中。
- [f2].Resize(n, 4) = Application.Transpose(arr1)：将单元格 f2 扩展 N 行，4 列，存储 arr1 中的数据。

5．数据查询

利用数据字典的特性，可以实现数据的查询功能，只要有关键字相同，关键字所对应的解释内容则可被查询出来，如图 6-18、图 6-19 所示。

图 6-18　原始数据

图 6-19　数据查询结果

```
Sub 查询() '条目数组用法
    Set d = CreateObject("scripting.dictionary")
    With Sheets("原始数据")
        arr = .Range("a2:e" & .Cells(Rows.Count, 1).End(xlUp).Row)
    End With
    For i = 1 To UBound(arr)
        d(arr(i, 1)) = Array(arr(i, 2), arr(i, 3), arr(i, 4), arr(i, 5))
        j = d(arr(i, 1))
    Next
    For Each Rng In Range("a2:a" & Cells(Rows.Count, 1).End(xlUp).Row)
```

```
        Rng.Offset(0, 1).Resize(1, 4) = d(Rng.Value)
    Next
End Sub
```

代码解释

- arr = .Range("a2:e" & .Cells(Rows.Count, 1).End(xlUp).Row)：将所有数据放在数组 arr 中。
- d(arr(i, 1)) = Array(arr(i, 2), arr(i, 3), arr(i, 4), arr(i, 5))：将数据第一维的第 I 个数据的第一个数学号作为字典的关键字，其解释内容 item 为姓名、性别、专业、年龄。
- j = d(arr(i, 1))：将字典中姓名作为关键字的 item 值给 j。
- Rng.Offset(0, 1).Resize(1, 4) = d(Rng.Value)：将字典中的 item 值放在当前单元格偏移 1 列，扩展 1 行，4 列的单元格中。

6.2　快速筛选数据的利器——正则表达式

6.2.1　概念

文本处理是一项常见的工作任务，比如，在一段文本或数据中，查找、替换、提取、验证、分离和删除等特定字符或字符串。在几乎所有文本编辑器中（如 Word/excel/VBE 等）都提供了字符串的查找/替换功能，在编程语言的世界里更是提供了丰富的字符处理函数和方法，如 Find（查找某字符串）、Replace（用一字符串去替换文本中的另一字符串）、LIke（判断某字符串是否存在）等。

正则表达式是强大、便捷、高效的文本处理工具。利用它可以描述和分析任何复杂的文本，配合编程语言或文本编辑器提供的功能，正则表达式能够查找、替换、提取、验证、添加、删除、分离和修整各种类型的文本和数据。

6.2.2　作用

类似于查找替换功能（使用通配符*，？），但比它更强大，更复杂，如要查找 7.1,7.2 之类的标题，单纯用查找功能是无法完成的。

正则表达式是处理字符串的外部工具，它可以根据设置的字符串对比规则，进行字符串的对比、替换等操作，在现在主流的编辑语言中，都支持正则表达式的应用。

（1）完成复杂的字符串判断。

（2）在字符串判断时，可以最大限度地避开循环，从而达到提高运行效率的目的。

6.2.3　引用

1．前期绑定

单击【工具】→【引用】找到该引用对象 Microsoft VBScript Regular Expressions，如图 6-20 所示。

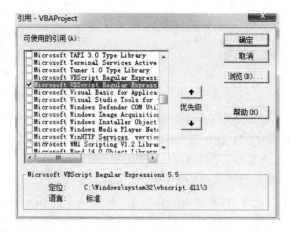

图 6-20　正则表达式的前期绑定

2. 后期绑定

后期绑定直接在代码框中创建一个正则表达式对象即可。

```
set    regex =createobject("vbscript.regexp")
```

前期测试时用前期绑定，完成后改为后期绑定。如果可能，应用测试工具测试表达式的准确性。

6.2.4　语法基础

- Global：true，搜索全部字符；false，搜索到第一个符合要求的就停止。
- IgnoreCase：如果搜索是区分大小写的，为 False（缺省值）True 不分。
- Pattern：一个字符串，用来定义正则表达式。缺省值为空文本。
- Multiline：字符串是不是使用了多行，如果是多行，$适用于每一行的最后一个。
- Execute：返回一个 MatchCollection 对象，该对象包含每个成功匹配的 Match 对象，返回的信息包括 FirstIndex 为开始位置、Length 为长度、Value 为值。
- Test：返回一个布尔值，该值指示正则表达式是否与字符串成功匹配，其实就是判断两个字符串是否匹配成功。

```
Sub test()
    Dim regx As New RegExp
    sr = "abcdef"
    regx.Global = True '查找范围，True 为在全部里查找，false(default)只查找第一个
    regx.Pattern = "a" '查找的内容
    Set k = regx.Execute(sr)    '执行将结果放在 K 中
    For Each m In k
        MsgBox m.Value      '依次取出结果
    Next
    n = regx.Replace(sr, "-")    '将匹配的结果进行替换
    MsgBox n
```

1．元字符

经过转义的字符，具有特殊的意义，只在表达式中起作用。

\d：匹配一个数字字符；

\D：匹配一个非数字字符；

\w：匹配包括下画线的任何单词字符，如"A-Za-z0-9_"；

\W：匹配任何非单词字符；

\s：匹配任何空白字符，包括空格、制表符、换页符等；

\S：匹配任何非空白字符；

\b：匹配一个单词边界，也就是指单词和空格间的位置；

\B：匹配非单词边界；

\n：匹配一个换行符；

\r：匹配一个回车符；

\t：匹配一个制表符；

.：匹配除 "\n" 之外的任何单个字符（包括 '\n' 在内的任何字符）；

^：匹配输入字符串的开始位置；

$：匹配输入字符串的结束位置。

汉字

\un 匹配 n，其中 n 是以四位十六进制数表示的 Unicode 字符。

'汉字一的编码是\u4e00，最后一个代码是\u9fa5。

'一-龥

\b 实例：张三、张三丰、李四、李四光、张无忌、陈六、丰、张三杰、丰张三。

2．量词

?：匹配前面的子表达式零次或一次；

+：匹配前面的子表达式一次或多次；

*：匹配前面的子表达式零次或多次；

{n}：n 是一个非负整数，匹配确定的 n 次；

{n,}：n 是一个非负整数，至少匹配 n 次；

{n,m}：m 和 n 均为非负整数，其中 n <= m。

6.2.5 实例

正则表达式实现的一般步骤如下。

（1）创建变量：在例子中，变量 regx 是一个对象，S 是字符串变量；Strnew 也是字符串变量。

（2）把目标文本赋值给变量 S。

（3）创建一个正则对象 regx。

（4）设置正则对象 regx 的 pattern 属性，即把正则表达式以字符串形式赋值给 pattern。

（5）设置正则 regx 对象的其他属性，例子中设置 Global 属性为真。

（6）应用对象提供的方法实现相应功能，例子中利用 regx 对象的 Replace 方法实现替换。

（7）输出处理后的字符串。

```
Sub test()
    Dim regx,S$,Strnew$ 1.定义变量代码段
    S="正则表达式其实很简单" 2.目标文本字符串变量赋值代码段
    Set regx=createobject("vbscript.regexp") 3.创建正则对象代码段
    Regx.pattern="\s+$" 4.设置正则对象的 pattern 属性代码段
    Regx.global=true 5.设置正则对象的其他属性代码段
    Strnew=regx.replace(s, " ") 6.应用正则对象方法代码段
    Msgbox strnew 7.处理返回值代码段
End sub
```

1．提取数字

如图 6-21 所示，当信息中有数字与字符时，通过提取数字或是字符，则可以快速提取所需信息。

图 6-21　提取数字

```
Sub 提取数字()
    Set regx = CreateObject("vbscript.regexp")
    With regx
        .Global = True
        .Pattern = "\D"
        For Each Rng In [a1:a4]
            Cells(Rng.Row, 2) = .Replace(Rng, "")
        Next
```

```
    End With
End Sub
```

代码解释

- .Pattern = "\D"：正则表达式的匹配字符为非数字。
- .Replace(Rng, "")：将匹配的非数字字符用空格替换掉，剩下的则为数字。

2. 提取多个联系方式

如图 6-22 所示，当信息中的电话号码与姓名混合时，且联系方式又有多个时，利用正则表达式提取数字或字符，则可以快速提取所需信息。

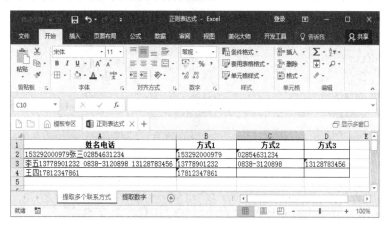

图 6-22 提取多个联系方式

```
Sub 提取联系方式()
    Set regx = CreateObject("vbscript.regexp")
    With regx
        .Global = True
        .Pattern = "\d+-?\d+"
        For Each Rng In [a2:a5]
            Set mat = .Execute(Rng)
            For Each m In mat
            n = n + 1
                Cells(Rng.Row, n + 1) = m
            Next m
            n = 0
        Next Rng
    End With
End Sub
```

代码解释

- Pattern = "\d+-?\d+"：提取联系方式，即提取数字，正则表达式为"/d+"至少出现一个数字。特殊情况，当联系方式中有带短横线的座机号码时，"-?"表示短横线出现一次或零次，"-*"表示短横线出现多次或零次。提取联系方式的正则表达式为"\d+-?\d+"。

- For Each m In mat：当匹配有多个时，则需要逐个打印到单元格中。

3．分组的作用

```
Sub 捕获分组值1()
    Set regx = CreateObject("vbscript.regexp")
    n = 4
    With regx
        .Global = True
        .Pattern = "([一-龢]{2,})(\d+人)"
        Set mat = .Execute([a1])
        For Each m In mat
            n = n + 1
            Cells(n, 1) = .Replace(m.Value, "$1")
            Cells(n, 2) = .Replace(m.Value, "$2")
        Next
    End With
End Sub
```

代码解释

- .Pattern = "([一-龢]{3,}) (\d+人)"，[一-龢]{3,}：任意汉字至少出现三次以上。"\d+人"匹配的是"……人"，用"（）"把班级和人数分成两个匹配组，中间有一个空格。匹配组 1 是部门，如会计；匹配组 2 是人数，如 35 人。将不同分组的内容提取出来。
- Cells(n + 1, 3) = .Replace(m.Value, "$1")：将 m 的值替换成"$1"，并将替换的内容放在 C 列。"$1"表达的是 SubMacths 分组的条目（Item 1），如会计。
- Cells(n + 1, 4) = .Replace(m.Value, "$2")：将 m 的值替换成"$2"，并将替换的内容放在 D 列。"$2"表达的是 SubMacths 分组的条目（Item 2），如 35 人，如图 6-23 所示。

图 6-23　分组统计签到人数

```
Sub 捕获分组值 2()
    Set regx = CreateObject("vbscript.regexp")
    With regx
        .Global = True
        .Pattern = "([一-龢]{2,})(\d+人)"
        Set mat = .Execute([a1])
        For i = 0 To mat.Count - 1
            Cells(i + 5, 1) = mat(i).submatches(0)
            Cells(i + 5, 2) = mat(i).submatches(1)
        Next
    End With
End Sub
```

代码解释

- .Pattern = "([一-龢]{3,}) (\d+人)"，[一-龢]{3,}：任意汉字至少出现三次以上。"\d+人"匹配的是"……人"，用"（）"把班级和人数分成两个匹配组，中间有一个空格。匹配组 1 是都是班级，如会计；匹配组 2 是都是人数，如 35 人。将不同分组的内容提取出来。

- Set mat = .Execute([a1])：执行正则表达式，将匹配成功的结果赋给 mat，这里有 5 个成功的结果。

- For i = 0 To mat.Count – 1："mat.Count"是 mat 对象集合的属性，即 5–1=4，因为得出的值是从 0 开始的 0，1，2，3，4，所以要用–1，做循环。

4. 提取多种身份信息

```
Sub 提取()
    n = 1
    With CreateObject("vbscript.regexp")
        .Global = True
        .Pattern = "(\S+) (\S+) (\S) (\d+) ((\S+ ){1,3})"
        Set mat = .Execute(Sheet3.[a1])
        For Each m In .Execute(Sheet3.[a1])
            n = n + 1
            Cells(n, 1) = .Replace(m, "$1")
            Cells(n, 2) = .Replace(m, "$2")
            Cells(n, 3) = .Replace(m, "$3")
            Cells(n, 4) = .Replace(m, "$4")
            Cells(n, 5) = .Replace(m, "$5")
        Next
    End With
End Sub
```

代码解释

- .Pattern = "(\S+) (\S+) (\S) (\d+) ((\S+){1,3})": "\S+"表示任何非空白字符至少出现一次。
  "((\S+){1,3})"表示任何非空白字符至少出现一次，最多出现三次。利用"( )"进行分组，并在分组之间加上空格，分成了 5 个组。第一个组"(\S+)"即姓名，第二个组"(\S+)"即身份证号，第三个组"(\S)"即性别，第四个组"(\d+)"即年龄，第五个组"((\S+){1,3})"即地址，如图 6-24、图 6-25 所示。

- Cells(n, 1) = .Replace(m, "$1")

  Cells(n, 2) = .Replace(m, "$2")

  Cells(n, 3) = .Replace(m, "$3")

  Cells(n, 4) = .Replace(m, "$4")

  Cells(n, 5) = .Replace(m, "$5");

分别表示正则表达式中的 5 个分组，"$1"即姓名、"$2"即身份证号、"$3"即性别、"$4"即年龄、"$5"即地址，分别将分组匹配得到的结果放在对应的列上。

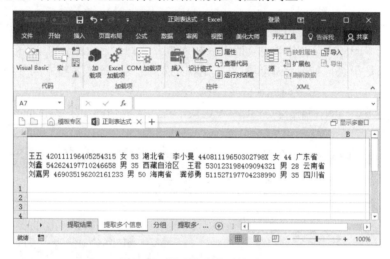

图 6-24　提取信息的原始数据

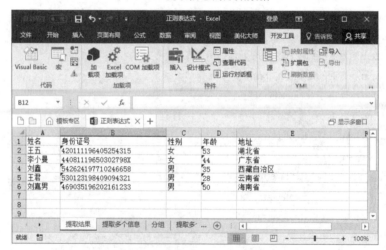

图 6-25　提取身份信息的结果

6.3 用户与程序可以对话的文件系统

6.3.1 文件的基础操作

1. 打开 Excel 文件

用 Workbooks.Open 方法在 Excel 工作簿中打开另一个 Excel 工作簿。

```
Sub open_excelfile()  '打开单个文件
    Workbooks.Open ThisWorkbook.Path + "\open.xlsx"
End Sub
```

语法：Workbooks.Open(FileName, UpdateLinks, ReadOnly,Format, PassWord, WriteResPass-Word, IgnoreReadOnly Recommended,Origin, Delimiter, Editable, Notify, Converter, AddToMru, Local, CorruptLoad)

Open 方法含有许多参数但一般只使用 FileName 属性。

2. 新建与保存 Excel 文件

（1）新建文件使用 Workbooks 集合的 add 方法，语法如下。

```
Set expression=Workbooks.add
```

expression 是某个 Workbooks 对象。

（2）文件的保存使用 Workbook 对象的 Save 或 SaveAs 方法。

① Save 方法使用简单，语法如下。

```
expression.Save
```

expression 是某个 Workbook 对象。例如：

ActiveWorkbook.Save 即保存当前活动工作簿。

② 如果是第一次保存工作簿或另存为，请使用 SaveAs 方法为该文件指定文件名，其语法如下。

expression.SaveAs(FileName, FileFormat, PassWord, WriteResPassWord, ReadOnlyRecommended, CreateBackup, AccessMode, ConflictResolution, AddToMru, TextCodepage, TextVisualLayout, Local)

其中 FileName 为文件名属性，必选参数。其他一般很少用，在这里就不做介绍了。下面为新建单个文件并保存代码内容。

```
Sub add_excelfile()
    Dim a As Workbook '定义对象a
    Set a = Workbooks.Add '生成文件
    a.SaveAs ThisWorkbook.Path + "\1.xlsx" '保存
End Sub
```

3. 关闭 Excel 文件

关闭文件可以使用 Workbooks 集合或 Workbook 对象的 Close 方法。Workbooks 集合是关闭所有打开的工作簿，Workbook 对象是关闭特定的工作簿。

Workbook 对象的 Close 方法语法如下。

expression.Close(SaveChanges, Filename, RouteWorkbook)

SaveChanges 参数表示是否保存更改，对许多不需要更改的操作，可设置为 False，以免弹出保存更改提示的对话框。

FileName 可选。以此文件名保存所做的更改。

关闭该文件路径下的指定文件代码，例如：

```
Sub close_excelfile()
    Dim a As Workbook    '定义对象a
    Workbooks.Open ThisWorkbook.Path & "\1.xlsx"
    Set a = ActiveWorkbook '定义a的属性
    a.Close
End Sub
```

4. 综合实例

（1）批量生成文件，并且在自动关闭后保存于指定文件夹中，代码如下，结果如图 6-26 所示。

图 6-26　批量生成 Eexcel 文件

```
Sub add_excelfiles()
    Dim wk As Workbook
    mypath = ThisWorkbook.Path
    For i = 1 To 10
        Set wk = Workbooks.Add
```

```
        wk.SaveAs mypath + "\" + Str(i) + ".xlsx"
        wk.Close
        Set wk = Nothing
    Next
End Sub
```

代码解释

- Set wk = Workbooks.Add：新建一个工作簿，给变量 WK。
- wk.SaveAs mypath + "\" + Str(i) + ".xlsx"：保存新创建的工作簿。
- wk.Close：关闭新创建的工作簿。
- Set wk = Nothing：清除工作簿中变量的内容。

（2）批量打开指定路径所有满足条件的文件，再批量关闭除该文件外的其他文件，代码如下。

```
Sub open_excelfiles()
    '批量打开文件 文件夹在该路径下
    Dim mypath as string, file As String
    mypath = ThisWorkbook.Path
    file = Dir(a & "\*.xlsx")
    Do
        If file = "" Then
            Exit Do
        End If
        Workbooks.Open (mypath    & "\" & file)
        file = Dir
    Loop
    Dim wk As Workbook
    For Each wk In Workbooks
        If wk.Name <> "test.xlsx" Then
            wk.Close
        End If
    Next
End Sub
```

代码解释

- mypath = ThisWorkbook.Path：获取当前代码所在工作簿的路径，只获取到所在的文件夹，不包括此工作簿名称。
- file= Dir(a & "*.xlsx")：返回当前的满足条件路径即后缀名为.xlsx 第一个文件的文件名，包括文件主名和后缀名。
- file = Dir：第二次调该函数并且不带参数，则为获取下一个满足条件即后缀名为.xlsx 的文件名。
- For Each wk In Workbooks：遍历当前打开的所有工作簿。

6.3.2 文件的基本处理

1. Name 语句

语法：Name　oldpathname As newpathname，表 6-1 为两个参数的含义。

表 6-1　Name 参数

参　　数	描　　述
oldpathname	必要参数。字符串表达式，指定已存在的文件名和位置，可以包含目录或文件夹
newpathname	必要参数。字符串表达式，指定新的文件名和位置，可以包含目录或文件夹。而由 newpathname 所指定的文件名不能存在

Name 语句重新命名文件并将其移动到一个不同的目录或文件夹中。Name 不能创建新文件、目录或文件夹。

注意：在一个已打开的文件中使用 Name，将会产生错误。必须在改变名称之前，先关闭打开的文件。Name 参数不能包括多字符 (*) 和单字符 (?) 的统配符。

```
Sub nameSet()
    Name ThisWorkbook.Path & "\test\Test. xlsx " As "F:\Test\Test. xlsx "
End Sub
```

2. Kill 语句

语法：Kill pathname

pathname 参数是用来指定一个文件名的字符串表达式。pathname 包含目录或文件夹。Kill 支持多字符 (*) 和单字符 (?) 的统配符指定多重文件。

```
Sub kill_test()
    Kill "F:\Test\Test. xlsx "
End Sub
```

3. Dir 语句

语法：Dir[(pathname[, attributes])]

Dir 函数的语法参数如表 6-2 所示。

表 6-2　Dir 函数的语法参数

参　　数	描　　述
pathname	可选参数。用来指定文件名的字符串表达式，可能包含目录或文件夹，以及驱动器。如果没有找到 pathname，则会返回零长度字符串 ("")
attributes	可选参数。常数或数值表达式，其总和用来指定文件属性。如果省略，则会返回匹配 pathname 但不包含属性的文件

Dir 支持多字符 (*) 和单字符 (?) 的通配符来指定多重文件。

在第一次调用 Dir 函数时，必须指定 pathname，否则会产生错误。如果也指定了文件属性，那么就必须包括 pathname。

Dir 会返回匹配 pathname 的第一个文件名。若想得到其他匹配 pathname 的文件名，再一次调用 Dir，且不要使用参数。如果已没有合乎条件的文件，则 Dir 会返回一个零长度字符串 ("")。一旦返回值为零长度字符串，并要再次调用 Dir 时，就必须指定 pathname，否则会产生错误。

由于文件名并不会以特别的次序来返回，所以可以将文件名存储在一个数组中，然后再对这个数组排序。

不同参数的 dir 语句。

```
Sub dir_test()
    MsgBox Dir(ThisWorkbook.Path & "\test\", vbDirectory)
    MsgBox Dir(ThisWorkbook.Path & "\test\", vbNormal)
    MsgBox Dir(ThisWorkbook.Path & "\test\*.txt", vbNormal)
    MsgBox Dir(ThisWorkbook.Path & "\", vbNormal)
    MsgBox Dir(ThisWorkbook.Path, vbNormal)
End Sub
```

返回指定文件夹，以 t 开头的文本文件列表，如表 6-3 所示。

表 6-3 attributes 参数属性

常　　数	值	描　　述
vbNormal	0	（缺省）指定没有属性的文件
vbReadOnly	1	指定无属性的只读文件
vbHidden	2	指定无属性的隐藏文件
VbSystem	4	指定无属性的系统文件
vbVolume	8	指定卷标文件；如果指定了其他属性，则忽略 vbVolume
vbDirectory	16	指定无属性文件及其路径和文件夹
vbAlias	64	指定的文件名是别名，只在 Macintosh 上可用

```
Sub dir_list()
    fm = Dir(ThisWorkbook.Path & "\test\t*.txt") 'dir 语句遍历 t 开头文本文件
    Do While fm <> "" '循环
        MsgBox ThisWorkbook.Path & "\test\" & fm '显示名字
        fm = Dir
    Loop
End Sub
```

4. 文件夹操作语句

Mkdir path：必要的。path 参数是用来指定所要创建目录或文件夹的字符串表达式。path 可以包含驱动器，如果没有指定驱动器，则 MkDir 会在当前驱动器上创建新的目录或文件夹。

Rmdir path：必要的。path 参数是一个字符串表达式，用来指定要删除的目录或文件夹。path 可以包含驱动器，如果没有指定驱动器，则 RmDir 会在当前驱动器上删除目录或文件夹。

如果使用 RmDir 删除一个含有文件的目录或文件夹，则会发生错误。在删除之前，应先使用 Kill 语句删除所有文件。RmDir 只能删除空文件夹。

5．FileCopy 语句

语法：FileCopy　source, destination，如表 6-4 所示。

表 6-4　FileCopy 属性含义

部　　分	描　　述
source	必要参数。字符串表达式，用来表示要被复制的文件名。source 可以包含目录或文件夹，以及驱动器
destination	必要参数。字符串表达式，用来指定要复制的文件名。destination 可以包含目录或文件夹，以及驱动器

如果对一个已打开的文件使用 FileCopy 语句，则会产生错误。另外在使用前建议使用 dir 判断是否存在该文件。

文件拷贝代码如下。

```
Sub FileCopytest()
    FileCopy ThisWorkbook.Path & "\Test\Test.txt", "C:\Test.txt"
End Sub
```

6.3.3　FileDialog 文件对话框

1．表达式

FileDialog(fileDialogType)
FileDialogType 是必须参数。对应的类型如表 6-5 所示。

表 6-5　FileDialogType 属性值

名　　称	值	描　　述
msoFileDialogFilePicker	3	"文件选取器"对话框
msoFileDialogFolderPicker	4	"文件夹选取器"对话框
msoFileDialogOpen	1	"打开"对话框
msoFileDialogSaveAs	2	"另存为"对话框

2．属性

（1）FileDialog.Title。
设置或获取使用 FileDialog 对象显示的文件对话框的标题。
（2）FileDialog.InitialFileName。
设置或返回一个 String 类型的值，代表文件对话框中初始显示的路径或文件名。可读/写。
在指定文件名时可以使用"*"和"?"通配符，但是指定路径时不能使用这些通配符。'*' 符号代表任意数量的连续字符，而"?"代表单个字符。例如，.InitialFileName = "c:\c*s.txt" 将返回"charts.txt"和"checkregister.txt"。

如果指定了路径而没有指定文件名，则在对话框中将显示文件筛选器所允许的所有文件。如果指定了位于初始文件夹中的某个文件，则对话框中只显示该文件。

如果指定了初始文件夹中不存在的某个文件名，则对话框中将不包含文件。在 InitialFileName 属性中指定的文件类型将覆盖文件筛选器的设置。

如果指定了无效路径，则使用上次使用的路径。如果使用无效路径，则会向用户显示警告消息。

将此属性设置为长度大于 256 个字符的字符串将导致运行时错误。

（3）FileDialog.AllowMultiSelect 属性。

如果允许用户从文件对话框中选择多个文件，则为 True。可读/写。

此属性对"文件夹选取器"对话框或"另存为"对话框无效，因为用户永远无法从这些类型的文件对话框中选择多个文件。

3．方法

（1）FileDialogFilters.Add。

对象.Add(Description, Extensions, Position)

在"文件"对话框的"文件类型"下拉列表框的筛选器列表中添加一个新文件筛选器。返回一个代表新添文件筛选器的 FileDialogFilter 对象，如表 6-6 所示。

表 6-6　FileDialogFilter 对象属性

名　称	必选/可选	数据类型	描　述
Description	必选	String	该文本表示要添加到筛选器列表中的文件扩展名说明
Extensions	必选	String	该文本代表要添加到筛选器列表中的文件扩展名。可以指定多个扩展名，每个扩展名必须以分号分隔。例如，可以向以下字符串分配参数："*.txt, *.htm"
Position	可选	Variant	表示新控件在筛选列表中位置的数字。新筛选将插入到该位置的筛选之前。如果忽略该参数，筛选将添加到指定列表的末端

（2）FileDialog.Show。

显示文件对话框并返回一个 Long 类型的值，指示用户是"操作"按钮 (–1)，还是"取消"按钮 (0)。在调用 Show 方法时，用户在关闭文件对话框之前不会执行其他代码。在"打开""另存为"对话框中，使用了 Show 方法后会立即使用 Execute 方法执行用户操作。

（3）选择文件并返回文件名。

```
Sub test_1()
    '选择文件
    Dim dig
    Set dig = Application.FileDialog(msoFileDialogFilePicker)
    With dig
        .AllowMultiSelect = True
        .Filters.Add "Excel 文件", "*.xls*", 1
        .InitialFileName = ThisWorkbook.FullName '"d:\"
        .InitialView = msoFileDialogViewDetails
```

```
            .Title = "对话框测试"If .Show = 0 Then
                    MsgBox "你点了取消"
            Else
                    MsgBox dig.SelectedItems(1)
            End If
        End With
End Sub
```

代码解释

- Set dig = Application.FileDialog(msoFileDialogFilePicker):
- .AllowMultiSelect = True：允许多选。
- .Filters.Add "Excel 文件", "*.xls*", 1：默认文件类型。
- .InitialFileName = ThisWorkbook.FullName "'d:\"：默认路径。
- .InitialView = msoFileDialogViewDetails：文件显示方式。
- .Title = "对话框测试"：对话框标题。
- If .Show = 0 Then：show 显示对话框，判断返回值。
- MsgBox dig.SelectedItems(1)：取得选择的文件名。

（4）选择文件夹。

```
Sub test2() '选择文件夹
    Dim dig
    Set dig = Application.FileDialog(msoFileDialogFolderPicker)
    With dig
        .AllowMultiSelect = True
        .InitialFileName = "D:\"
        .Title = "对话框测试"
        If .Show = 0 Then
                MsgBox "你点了取消"
        Else
                MsgBox dig.SlectedItems(1)
        End If
    End With
End Sub
```

（5）打开选中文件夹。

```
Sub test3() '打开文件
    Dim dig
    Set dig = Application.FileDialog(msoFileDialogOpen)
    With dig
        .AllowMultiSelect = True
        .Filters.Add "Excel 文件", "*.xls*", 1
        .InitialFileName = "D:\"
```

```
                .Title = "对话框测试"
                If .Show = 0 Then
                        MsgBox "你点了取消"
                Else
                    .Execute
                        MsgBox "文件已打开"
                End If
            End With
    End Sub
```

（6）文件另存为。

```
Sub test4() '另存文件
    Dim dig
    Set dig = Application.FileDialog(msoFileDialogSaveAs)
    With dig
        .AllowMultiSelect = True
        .InitialFileName = ThisWorkbook.FullName
        .Title = "对话框测试"
        If .Show = 0 Then
                MsgBox "你点了取消"
        Else
                .Execute
                MsgBox "文件已保存"
        End If
    End With
End Sub
```

6.3.4 File System Object 操作文件

1. 绑定对象

FileSystemObject 对象模型，具有大量的属性、方法和事件。要使用 FileSystemObject 对象，先要创建它。创建 FileSystemObject 对象有前期绑定和后期绑定两种方法。

（1）前期绑定。

单击【工具】→【引用】，弹出"引用 –VBAProject"对话框，在"可使用的引用"列表框中找到"Microsoft Scripting Runtime"选项，将其选中，单击【确定】按钮，如图 6-27 所示。通过操作就可前期绑定 FileSystemObject 对象。

```
Sub test()
    Dim oFso As Scripting.FileSystemObject
    Set oFso = New Scripting.FileSystemObject
End Sub
```

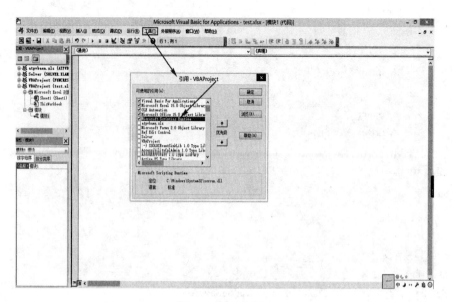

图 6-27　添加引用

（2）后期绑定。

语法：CreateObject(class,[servername])

class 是要创建的应用程序名称和类。

servername 创建对象的网络服务器名称（在远程计算机上创建对象时才用）。

```
Dim fso As Object
Set fso = CreateObject("Scripting.FileSystemObject")
```

2. 处理驱动器

Drive 对象是用来获取当前系统中各个驱动器的信息，由于 Drive 对象没有方法，其应用都是通过属性表现出来的，所以必须要熟悉 Drive 对象的属性，如表 6-7 所示。

表 6-7　Drive 对象的属性

属　　性	说　　明
AvailableSpace	返回到指定的驱动器或网络共享上的用户可用的空间容量
DriveLetter	返回某个指定本地驱动器或网络驱动器的字母，这个属性是只读的
DriveType	返回指定驱动器的磁盘类型
FileSystem	返回指定驱动器使用的文件系统类型
FreeSpace	返回指定驱动器上或共享驱动器可用的磁盘空间，这个属性是只读的
IsReady	确定指定的驱动器是否准备好
Path	返回指定文件、文件夹或驱动器的路径
RootFolder	返回一个 Folder 对象，该对象表示一个指定驱动器的根文件夹。只读属性
SerialNumber	返回用于唯一标识磁盘卷标的十进制序列号
ShareName	返回指定驱动器的网络共享名
TotalSize	以字节为单位，返回驱动器或网络共享的总空间大小
VolumeName	设置或返回指定驱动器的卷标名

下面代码为获取 C 盘信息。

```
Sub get_drivetest()
    Dim fsotest As Object
    Set fsotest = CreateObject("Scripting.FileSystemObject")
    Dim sReturn As String
    Set drv1 = fsotest.GetDrive("C:\")
    sReturn = "Drive " & "C:\" & vbCrLf
    sReturn = sReturn & "VolumeName" & drv1.VolumeName & vbCrLf
    sReturn = sReturn & "Total Space: " & FormatNumber(drv1.TotalSize / 1024, 0)
    sReturn = sReturn & "Kb" & vbCrLf
    sReturn = sReturn & "Free Space: " & FormatNumber(drv1.FreeSpace / 1024, 0)
    sReturn = sReturn & "Kb" & vbCrLf
    sReturn = sReturn & "FileSystem:" & drv1.FileSystem & vbCrLf
    MsgBox sReturn
End Sub
```

3. 处理文件夹

（1）对象属性。

可以利用 Folder 对象来获取有关文件夹的信息，可为下列值中的任意一个或任意的逻辑组合，如表 6-8 所示。

- Attributes 属性　文件夹的属性。

表 6-8　Attributes 属性值

属性值	常量值	含　义
Normal	0	一般文件。未设置属性
ReadOnly	1	只读文件。属性为读/写
Hidden	2	隐藏文件。属性为读/写
System	4	系统文件。属性为读/写
Volume	8	磁盘驱动器卷标。属性为只读
Directory	16	文件夹或目录。属性为只读
Archive	32	自上次备份后已经改变的文件。属性为读/写
Alias	64	链接或快捷方式。属性为只读
Compressed	128	压缩文件。属性为只读

- Name 属性　文件夹名字。
- Type 属性　文件夹类型。
- Files 属性　所有 File 对象组成的 Files 集合，这些 File 对象包含在指定的文件夹中，包括设置了隐藏和系统文件属性的那些文件。
- Drive 属性　文件夹所在的驱动器符号。
- IsRootFolder 属性　文件夹是否为根文件夹。
- ParentFolder 属性　文件夹的父文件夹对象。

- SubFolders 属性 文件夹的子文件夹集合。
- Path 属性 文件夹的路径。
- ShortPath 属性 文件命名约定的程序所使用的短路径。
- Size 属性 文件夹的大小，以字节为单位。
- DateCreated 属性 文件夹的创建日期和时间。
- DateLastModified 属性 最后一次修改文件夹的日期和时间。
- DateLastAccessed 属性 最后 次访问文件夹的日期和时间。

属性的使用和 Drive 对象是一样的，可以用 GetFolder 获取一个 Folder 对象，也可以用 FileSystemObject 对象的 CreateFolder 方法创建一个 Folder 对象。

（2）对象方法。

① FolderExists 方法。

判断指定的文件夹是否存在，若存在则返回 True。其语法如下。

fso.FolderExists(FolderSpec)

参数 FolderSpec 指定文件夹的完整路径，String 类型，不能包含通配符。

下面代码为判断文件夹是否存在。

```
Sub 按钮 1_Click()
    Application.ScreenUpdating = False
    Set fso = CreateObject("Scripting.FileSystemObject")
    strfolder = Application.InputBox("请输入文件夹的完整名称:")
    If fso.folderexists(strfolder) Then
        MsgBox strfolder & " :存在"
    Else
        MsgBox strfolder & " :不存在"
    End If
    Application.ScreenUpdating = True
End Sub
```

② MoveFolder 方法。

该方法用来移动文件夹，将文件夹及其文件和子文件夹一起从某个位置移动到另一个位置。其语法如下。

fso.MoveFolder source,destination

参数含义

- Source：指定要移动的文件夹的路径，String 类型。
- destination：指定文件夹移动操作中目标位置的路径，String 类型。
- Source：必须以通配符或非路径分隔符结束，可以使用通配符，但必须出现在最后一部分中。
- destination：不能使用通配符。

下面代码为移动文件夹。

```
Sub 按钮 1_Click()
```

```
    Application.ScreenUpdating = False
    Set fso = CreateObject("Scripting.FileSystemObject")
    sfolder = ThisWorkbook.Path & "\tt"
    dfolder = ThisWorkbook.Path & "\txt\"
    If Not fso.folderexists(sfolder) Then
        MsgBox sfolder & " :不存在"
        Exit Sub
    End If
    If Not fso.folderexists(dfolder) Then
        MsgBox dfolder & " :不存在"
        Exit Sub
    End If
    fso.movefolder sfolder, dfolder
    Application.ScreenUpdating = True
End Sub
```

③ CopyFolder 方法。

该方法用于复制文件夹,即将一个文件夹的内容(包括其子文件夹)复制到其他位置。其语法如下。

fso.CopyFolder Source,Destination[,OverwriteFiles]

参数含义

- Source:必需。指定要复制的文件夹的路径和文件夹名,String 类型,必须使用通配符或者非路径分隔符来结束。
- Destination:必需。指定文件夹复制操作的目标文件夹的路径,String 类型。
- OverwriteFiles:可选。表示是否被覆盖一个现有文件的标志。True 表示覆盖,False 表示不覆盖,Boolean 类型。

通配符只能在参数 Source 中使用,只能放在最后的组件中。在参数 Destination 中不能使用通配符。

下面代码为复制文件夹。

```
Sub 按钮 1_Click()
    Application.ScreenUpdating = False
    Set fso = CreateObject("Scripting.FileSystemObject")
    sfolder = ThisWorkbook.Path & "\tt"
    dfolder = ThisWorkbook.Path & "\txt\"
    If Not fso.folderexists(sfolder) Then
        MsgBox sfolder & " :不存在"
        Exit Sub
    End If
    If Not fso.folderexists(dfolder) Then
        MsgBox dfolder & " :不存在"
        Exit Sub
```

```
    End If
    fso.copyfolder sfolder, dfolder
    Application.ScreenUpdating = True
End Sub
```

④ DeleteFolder 方法。

该方法用于删除指定的文件夹及其所有的文件和子文件夹。其语法为：

fso.DeleteFolder FileSpec[,Force]

参数含义

- FileSpec：必需。指定要删除的文件夹的名称和路径，String 类型。在参数 FileSpec 中，可以在路径的最后部分包含通配符，但不能用路径分隔符结束，可以为相对路径或绝对路径。
- Force：可选，Boolean 类型。如果设置为 True，将忽略文件的只读标志并删除这个文件。默认为 False。如果参数 Force 设置为 False 并且文件夹中任意一个文件为只读，则该方法失败。如果找不到指定的文件夹，则该方法失败。

下面代码为删除文件夹。

```
Sub 按钮 1_Click()
    Application.ScreenUpdating = False
    Set fso = CreateObject("Scripting.FileSystemObject")
    sfolder = ThisWorkbook.Path & "\txt\tt"
    If Not fso.folderexists(sfolder) Then
        MsgBox sfolder & " :不存在"
        Exit Sub
    End If
    fso.deletefolder sfolder
    Application.ScreenUpdating = True
End Sub
```

⑤ CreateFolder 方法。

该方法用于在指定的路径下创建一个新文件夹，并返回 Folder 对象。其语法如下。

fso.CreateFolder (Path)

参数含义

Path：必需。为一个返回要创建的新文件夹名的表达式，String 类型。Path 指定的路径可以是相对路径也可以是绝对路径，如果没有指定路径则使用当前驱动器和目录作为路径。在新文件夹名中不能使用通配符。

如果参数 Path 指定的路径为只读，则 CreateFolder 方法将失败；如果参数 Path 指定的文件夹已经存在，就会产生运行时错误"文件已经存在"。

下面代码为创建文件夹。

```
Sub 按钮 1_Click()
    Application.ScreenUpdating = False
    Set fso = CreateObject("Scripting.FileSystemObject")
```

```
    sfolder = ThisWorkbook.Path & "\thisfolder"
    If fso.folderexists(sfolder) Then
        MsgBox sfolder & " :已经存在"
        Exit Sub
    End If
    fso.CreateFolder sfolder
    Application.ScreenUpdating = True
End Sub
```

⑥ GetAbsolutePathName 方法。

将相对路径转变为一个全限定路径（包括驱动器名），返回一个字符串，包含一个给定路径说明的绝对路径。其语法如下。

fso.GetAbsolutePathName (Path)

参数含义

Path：必需。代表路径说明，String 类型。

"."为返回当前文件夹的驱动器名和完整路径。"PathName"为返回当前文件夹中的文件的驱动器名、路径及文件名。

所有相对路径名均以当前文件夹为基准。

如果没有明确地提供驱动器作为 Path 的一部分，就以当前驱动器作为 Path 参数中的驱动器。在 Path 中可以包含任意个通配符。

GetAbsolutePathName 不能检验指定路径中是否存在某个给定的文件或文件夹。

下面代码为获取文件路径。

```
Sub 按钮 1_Click()
    Application.ScreenUpdating = False
    Set fso = CreateObject("Scripting.FileSystemObject")
    sfolder = "thisfolder"
    If fso.folderexists(sfolder) Then
        MsgBox sfolder & " :已经存在"
        Exit Sub
    End If
    str1 = fso.GetAbsolutePathName(sfolder)
    MsgBox sfolder & ":的绝对路径为: " & str1
    Application.ScreenUpdating = True
End Sub
```

⑦ GetParentFolderName 方法。

返回给定路径中最后部分前的文件夹名，其语法如下。

fso.GetParentFolderName (Path)

参数含义

● Path：必需。指定路径说明，String 类型。

如果从 Path 中不能确定父文件夹名，就返回一个零长字符串（""）。Path 可以为相对路径或绝对路径，也可以是网络驱动器或共享。

GetParentFolderName 方法不能检验 Path 的某个部分是否存在。

GetParentFolderName 方法认为 Path 不属于驱动器说明的那部分字符串，除了最后一部分外余下的字符串就是父文件夹。除此之外它不做任何其他检测，它更像是一个字符串解析和处理例程而不是与对象处理有关的例程。

下面代码为获取其父路径。

```
Sub 按钮 1_Click()
    Application.ScreenUpdating = False
    Set fso = CreateObject("Scripting.FileSystemObject")
    sfolder = ThisWorkbook.Path & "\tt\"
    If Not fso.folderexists(sfolder) Then
        MsgBox sfolder & " :不存在"
        Exit Sub
    End If
    str1 = fso.GetParentFolderName(sfolder)
    MsgBox sfolder & ": 父路径: " & str1
    Application.ScreenUpdating = True
End Sub
```

⑧ GetFolder 方法。

返回 Folder 对象。其语法如下。

fso.GetFolder (FolderPath)

参数含义

FolderPath 必需，指定所需文件夹的路径，String 类型，可以为相对路径或绝对路径。如果 FolderPath 是共享名或网络路径，GetFolder 确认该驱动器或共享是 File 对象创建进程的一部分。如果 FolderPath 的任何部分不能连接或不存在，就会产生一个错误。

要获得所需的 Path 字符串，首先应该使用 GetAbsolutePathName 方法。如果 FolderPath 包含一个网络驱动器或共享，可以在调用 GetFolder 方法之前使用 DriveExists 方法确认指定的驱动器是否可用。由于 GetFolder 方法要求 FolderPath 是一个有效文件夹的路径，所以应调用 FolderExists 方法来检验 FolderPath 是否存在。

必须使用 Set 语句将 Folder 对象赋给一个局部对象变量。

下面代码为获取文件夹有关信息。

```
Sub 按钮 1_Click()
    Application.ScreenUpdating = False
    Dim sReturn As String
    Set fso = CreateObject("Scripting.FileSystemObject")
    Set folder1 = fso.GetFolder(ThisWorkbook.Path & "\")
    sReturn = "文件夹属性: " & folder1.Attributes & vbCrLf
    '获取最近一次访问的时间
    sReturn = sReturn & "创建时间: " & folder1.Datecreated & vbCrLf
```

```
        sReturn = sReturn & "最后访问时间: is " & folder1.DateLastAccessed & vbCrLf
        '获取最后一次修改的时间
        sReturn = sReturn & "最后修改时间: " & folder1.DateLastModified & vbCrLf
        '获取文件夹的大小
        sReturn = sReturn & "文件夹大小: " & FormatNumber(folder1.Size / 1024, 0)
        sReturn = sReturn & "Kb" & vbCrLf
        '判断文件或文件夹类型
        sReturn = sReturn & "类型为: " & folder1.Type & vbCrLf
        MsgBox sReturn
        Application.ScreenUpdating = True
End Sub
```

代码解释

- sReturn = sReturn & "创建时间: " & folder1.Datecreated & vbCrLf：获取文件夹的创建时间。
- sReturn = sReturn & "最后访问时间: is " & folder1.DateLastAccessed & vbCrLf：获取文件夹的最后访问时间。
- sReturn = sReturn & "最后修改时间: " & folder1.DateLastModified & vbCrLf：获取最后一次修改的时间。
- sReturn = sReturn & "文件夹大小: " & FormatNumber(folder1.Size / 1024, 0)：获取文件夹的大小。
- sReturn = sReturn & "类型为: " & folder1.Type & vbCrLf：判断文件或文件夹类型。

4. 处理文件

（1）对象属性。

可以利用 File 对象来获取有关文件的信息，File 对象的属性和 Folder 的属性是完全一样的，只是少了 Files 属性、IsRootFolder 属性、SubFolders 属性，这里就不列举了。

（2）对象方法。

① Copy 方法。

② Move 方法。

③ Delete 方法。

④ FileExists 方法。

这四种方法与 Folder 的方法是类似的，语法也一样，同样也可用 FileSystemObject 对象相应的方法代替。

第 7 章 ▶▶

VBA 与其他应用程序

VBA 不仅应用于 Excel 的应用程序中，作为一种脚本语言，如 Word、PowerPoint、Access 等，将 VBA 嵌入这些应用程序，可以更高效地完成工作，节省大量的工作时间。

7.1 在 Word 中实现快速排版

VBA 除了在 Excel 中使用外，其实 VBA 和 Office 的其他应用程序也经常配合使用。Visual Basic 支持一个对象集合，该集合中的对象直接对应于 Microsoft Word 中的元素，例如，Document 对象代表了一个打开的文档；Bookmark 对象代表了一个文档中的书签；Selection 对象代表了在一个文档窗格中的选定内容。在 Word 中，每一类元素如文档、表格、段落、书签、域等，都可以用 Visual Basic 的对象来表示。要在 Word 中自动执行任务，就可以使用这些对象的方法和属性。

本节主要通过系列实例介绍 Word 的 VBA 编程内容。

7.1.1 Word 的常用对象、属性、方法和事件

学习 Word 的常见对象以及它们的属性、方法和事件。在完全掌握本实例后，可以根据 VBA 的帮助，在帮助文件中搜索 "Microsoft Word 对象" 了解更多内容。

Word 主要包含以下几个主要的对象。

（1）Application 对象：即 Office 中正在运行的程序本身，如 Word 或 Excel 等。Application 对象是一个应用程序中的 "总对象" 或者说是 "顶级对象"。在 Word 中，Application 对象包含了程序中可能会存在的其他所有对象，如所有的 Word 文档（Documents）、程序本身的工具栏与菜单栏（CommandBars）、程序的窗口（Window）、程序的内置对话框（Dialogs）等。

（2）Documents 对象：即所有 Word 文档的集合。该对象中每个单独的文档，即是文档对象 "Document"。在 Documents 对象中，可以通过引用文档名字的方法来操作一个 Document。

（3）Document 对象：Document 对象又具许多子对象。本实例主要介绍 Range 对象（字符串对象，可以是选定的一串字符或者是一个字符）与 Selection 对象（活动区域对象，可以是文档中选中的内容或者仅仅是一个插入点）；并了解 Paragraphs 对象（段落集合对象）。

（4）CommandBars 对象：即 "命令栏" 对象。它是 Application 中所有菜单栏与工具栏的集合。在编程时，对菜单栏与工具栏的修改，都是通过操作 "ComandBars" 对象实现的。

7.1.2 Application 对象

Application 对象的 Quit 方法，该方法用于退出应用程序（Application）。例如：

```
sub 关闭程序( )
    Application. quit
End sub
```

执行本段代码，就会退出正在运行的 Office 程序（相应的 Application 对象，可以是 Word、Excel 等）。

在实际工作中，Quit 方法可以用于提示用户保存所有目前打开的文档。如果用户单击【是】按钮，在退出 Word 前，所有打开的文档都将以 Word 格式进行保存。例如：

```
Sub 退出时提醒保存()
    Dim Tishi
    Tishi = MsgBox("您要保存目前所有的文档吗？", 4, "提示您保存文档")
    If Tishi = 6 Then
    Application.Quit SaveChanges:=wdSaveChanges, OriginalFormat:=wdWordDocument
    End If
End Sub
```

代码解释

MsgBox 的参数 "4" 与返回值 "6"，现在大家不会不明白了吧？"4" 表示显示 "是、否" 两个按钮，"6" 则表示操作者选择的是【是】按钮。代码 "SaveChanges:=wdSaveChanges" 是指进行 "保存" 的操作；"OriginalFormat:=wdWordDocument" 则指定保存的格式为 Word 的文档格式。关于 "Save" 方法，后面将会进一步学习。

Application 对象的 ActiveDocument 属性。ActiveDocument 属性返回一个 Document 对象（当前正在使用的 "活动文档"），显示当前活动文档的名称，例如：

```
Sub 显示名称()
    Dim nameA
    NameA=Application.ActiveDocument.name
    Msgbox (NameA)
end sub
```

本段代码中用到了 Document 对象的一个属性 Name，该属性返回文档的名称。

7.1.3 Documents 对象

1. Open 方法

Open 方法用于打开 Documents 集合中的单个 Document 对象。

语法格式：Documents 对象.Open（可包含路径的文件名）。

比如，打开 C 盘 MyFile 文件夹中的 MyDoc.doc 文档。

```
Sub 打开文件()
    Documents.Open ("C:\MyFiles\MyDoc.doc ")
End Sub
```

本代码演示了 Open 方法的基本使用格式。其实，Open 方法的可选参数有很多，有的能指定"打开文档的方式"为"只读"；有的能指定"打开文档时所需的密码"等，参数的内容在帮助文件中可找到详细介绍。

2. Add 方法

Documents 对象的"Add"方法，可以新建一篇空白文档，例如：

```
Sub 新建文档()
    Documents. Add
End sub
```

Add 方法可以使用以下参数，以何种样本模版为母版新建文档、是否将该新建的文档保存为另一个模版、新建的文档以何种类型保存（Web 页、电子邮件、带框架的文档等）、新建文档是否显示（可以隐藏）等。参数的使用可以查找帮助文件。

3. Item 方法

Item 方法可以通过 ID（集合中的序号）或名称返回集合的单个成员，例如：

```
Sub 显示名字()
Dim Ming
    If Documents.Count >= 1 Then        "如果集合中文档的个数大于或等于 1,那么——
        Ming = Documents.Item(1).Name   "获得第一个文档的名称
        MsgBox (Ming)
End If
End sub
```

Documents 对象的一个属性为"Count"，该属性的作用是"返回指定集合中所有项目的个数"，本例是返回了"已打开的所有文档的个数"。事实上，"Count"属性不单只是 Documents 对象的属性，其他如 Document、CommandBars 等对象都具有这个属性。

4. Close 方法

Close 方法用于关闭指定的文档。其基本格式为"对象.Close"（这里之所以写为"对象"而没有写"Document"，是因为"Close 方法"是很多对象都有的方法，而且在使用时格式都相同）。关闭并保存活动文档，例如：

```
Sub 关闭并保存文档( )
ActiveDocument. Close SaveChanges:=wdSaveChanges
End Sub
```

5. Range 方法

Range 方法在 Document 对象中可以通过使用指定的开始和结束字符位置，返回一个 Range 对象（Range 对象后面再做介绍）。语句格式如下。

对象. Range(Start，End)

Start 指定 Range 开始的位置；End 指定 Range 结束的位置。将活动文档中的前 150 个字符设置为青绿色，例如：

```
sub 更改颜色()
ActiveDocument.Range(Start:=0, End:=150).Font.Color = RGB(0, 255, 0)
End Sub
```

代码中将 Font（字体）、Color（颜色）属性值指定为 RGB 颜色设置的参数。

6. Save 方法

Save 方法用于保存指定的文档或模版。其基本格式为对象.Save(参数)。Save 方法其实也不仅仅是 Document 对象的方法，它同时也是 Application 与 Documents 对象的方法。本方法参数中最重要的是"指定保存方式"的参数（"NoPrompt"）。如果"NoPrompt=True"，Word 将自动保存所有文档并且不提醒用户；如果"NoPrompt=False"，则当一个文档在上次存档后又进行了修改，Word 就会提醒用户将文档保存为另一个。

保存 Documents 集合中的每个文档并且保存文档时不提示用户。

```
Sub 保存文档集合( )
Documents.Save NoPrompt:=True, OriginalFormat:=wdOriginalDocumentFormat
End sub
```

7. SaveAs 方法

SaveAs 方法主要的作用是"用新的文件名或新的格式（非*.doc 格式）"保存指定文档。本方法对应"文件"菜单中的"另存为"对话框。其语法及主要参数如下。

Document 对象.SaveAs

（FileName 为文件名，FileFormat 为准备保存的格式，PassWord 为打开文档时的密码）。参数 FileFormat 的常量可在帮助文档中找到。

将活动文档存为 RTF 格式（"写字板"文档格式），并将文件名改为"Text"。例如：

```
Sub 另存为格式( )
ActiveDocument.SaveAs FileName:="Text ", FileFormat:=wdFormatRTF
End sub
```

7.1.4 Range 对象

即字符串对象，Range 对象的方法非常多，主要介绍常用的 Copy 方法与 Paste 方法。

Copy 方法的作用是将所选内容复制到系统剪贴板中，Paste 方法是将剪贴板中的内容粘贴到目标位置。

复制活动文档的第一段，并将该段落粘贴到文档的末尾。例如：

```
Sub 复制与粘贴例()
    Dim myRange
    ActiveDocument.Paragraphs(1).Range.Copy
    Set myRange = ActiveDocument.Range (Start:=ActiveDocument.Content.End-1,End:=
ActiveDocument.Content.End - 1)
    myRange.Paste
End sub
```

代码解释

- Paragraphs：Document 对象的一个子对象，即段落对象，其后跟的参数 "1"，表示引用文档的第一段（Paragraphs 对象也是 Document 对象中一个重要的子对象）。
- Set 语句：一个赋值语句，"Dim" 相关联，"Dim" 的作用是申明一个变量，而 Set 语句是将 "对一个对象的引用" 赋给一个变量。本例是为了找出文章结束的 "点"，而将 "能够找出该点的语句" 赋给了变量 myRange。
- Content：Document 对象的一个属性，它返回 Document 对象的所有文字。本段代码中运用 "End" 关键字，找出文字的结尾处，并用 "End-1" 将结尾向后移动了一位。

代码如果在一行中写不下，可以用一个下画线 "_" 连接前后的代码，本例中 "Set" 这句较长，就可以使用这个连接符。

7.1.5 Selection 对象

即活动区域对象，Selection 对象的方法也非常多，以下介绍常用的 "InsertFile" 方法，该方法能插入指定文档的全部或部分内容。其语法为对象.InsertFile("要插入的文章名 FileName")
FileName 参数必须指定，如果没有指定路径，则 Word 将文档路径设为当前路径。

在活动文档中插入另一个文档，文档插入到当前光标所在的位置（"Selection 对象" 处）。例如，

```
Sub 插入文档例()
    Dim MyDoc
    MyDoc = InputBox("请输入您要插入的文章路径及文章名")
    Selection.InsertFile FileName:=MyDoc
End Sub
```

在实际工作中，经常需要将一个文件夹中的所有文档合并到一个文档中，如果使用 Word 菜单 "插入" 中的 "插入文件" 命令，一旦文档数量太多，则会非常麻烦。其实，运用一个变量取得文件的名称，并使用循环语句重复运行本段代码，就会使这项工作变得简单。

7.1.6 综合实例：利用 VBA 快速实现 Word 文档格式的统一

在学习和工作中经常会遇到这种情况，如何才能将 Word 文档设置成格式相同的文档呢？一个一个文档修改格式显然很烦琐。下面主要从页面设置、段落设置、字符设置三个方面，说明如何使用 VBA 实现对大量 Word 文档设置统一的格式。

（1）页面设置。

```
With.PageSetup '进行页面设置
      .Orientation=wdOrientPortrait '页面方向为纵向
      .TopMargin=CentimetersToPoints(3.4) '上边距为 3.4cm
      .BottomMargin=CentimetersToPoints(3.6) '下边距为 3.6cm
      .LeftMargin=CentimetersToPoints(2.3) '左边距为 2.3cm
      .RightMargin=CentimetersToPoints(2.3) '右边距为 2.3cm
      .Gutter=CentimetersToPoints(0) '装订线 0cm
      .HeaderDistance=CentimetersToPoints(1.3) '页眉 1.3cm
      .FooterDistance=CentimetersToPoints(1.5) '页脚 1.5cm
      .PageWidth=CentimetersToPoints(21) '纸张宽 21cm
      .PageHeight=CentimetersToPoints(29.7) '纸张高 29.7cm
      .VerticalAlignment=wdAlignVerticalTop '页面垂直对齐方式为"顶端对齐"
      .SuppressEndnotes=False '不隐藏尾注
      .MirrorMargins=False '不设置首页的内外边距
      .GutterPos=wdGutterPosLeft '装订线位于左侧
      .LayoutMode=wdLayoutModeLineGrid '版式模式为"只指定行网格"
End With
```

（2）段落设置。

```
With.Content.ParagraphFormat
      .LeftIndent=CentimetersToPoints(0) '左缩进 0cm
      .RightIndent=CentimetersToPoints(0) '右缩进 0cm
      .LineSpacing=24 '行距 24 磅
      .Alignment=wdAlignParagraphJustify '段落设置为两端对齐
      .WidowControl=False '不勾选"孤行控制"
      .KeepWithNext=False '不勾选"与下段同页"
      .KeepTogether=False '不勾选"段中不分页"
      .PageBreakBefore=False '不勾选"段前同页"
      .NoLineNumber=False '不勾选"取消行号"
      .Hyphenation=True '不勾选"允许西文在单词中间换行"
      .CharacterUnitFirstLineIndent=2 '首行缩进 2 个字符
      .OutlineLevel=wdOutlineLevelBodyText '大纲级别为"正文文本"
      .LineUnitBefore=0 '段前间距为 0
      .LineUnitAfter=0 '段后间距为 0
      .DisableLineHeightGrid=False '勾选"如果定义了文档网格，则对齐网格"，即指定段落中的字符与行
网格对齐
End With
```

（3）字符设置。

```
With.Content
      With.Font
      .NameFarEast= "宋体" '输入中文字体为"宋体"
```

```
            .NameAscii="Times New Roman"  输入英文字体为"Times New Roman"
            .Size=12 '字号为"12"
          End With
          With.Paragraphs.First
          .Range.Font.Size=16 '标题字号为"16"
          .Alignment=wdAlignParagraphCenter
          End With
        End With
        .Close True
      End With
```

7.2　代码控制中的 PowerPoint

使用 PowerPoint 的功能能够制作出高效且引人注目的演示文稿，但尽管标准 PowerPoint 用户界面 (UI) 提供了丰富的功能集，用户仍希望能通过一种更加简便的方式执行烦琐的重复任务，或执行某些 UI 似乎无法处理的任务。幸运的是，像 PowerPoint 这样的 Office 应用程序提供了 Visual Basic for Applications (VBA) 功能，可以通过它来扩展应用程序。

VBA 是通过运行宏（在 Visual Basic 中编写分步过程）来工作的。学习编程可能看起来很困难，但只要多些耐心，甚至只需学会少量 VBA 代码，就会使工作变得更加简单，而且可以在 Office 中完成以前认为不可能做到的事情。

迄今为止，使用 PowerPoint VBA 最常见的原因就是自动完成重复任务。例如，在演示文稿中删除许多空文本框等。

使用 PowerPoint VBA 的另一个常见原因是可以为 PowerPoint 添加新功能。例如，可以创建一个在演示进行一半时运行的 VBA 宏，就可以弹出一条提示演示剩余时间的消息。

使用 PowerPoint VBA 还有许多其他原因，特别是可以执行一些涉及将 PowerPoint 与其他 Office 应用程序结合使用的任务。例如，可以将演示文稿中的所有文本转换为可以在 Microsoft Excel 中打开的逗号分隔值文件 (CSV)。

7.2.1　PowerPoint 应用程序对象

在录制宏过程中，或者以后的 VBA 编程中，经常会用到 Powerpoint 应用程序的对象。这些对象是 Office 在应用程序中提供给用户访问或进行二次开发使用的。那些对象是什么？又有什么用呢？下面列出一些常用的应用程序对象。其中 DocumentWindow 对象、SlideShow-Window 对象、Slide 对象、Shape 对象在课件制作过程中会经常用到。

1．Application 对象

该对象代表 PowerPoint 应用程序，通过该对象可访问 PowerPoint 中的其他所有对象。

（1）Active 属性：返回指定窗格是否被激活。

（2）ActivePresentation 属性：返回 Presentation 对象，代表活动窗口中打开的演示文稿。

（3）ActiveWindow 属性：返回 DocumentWindow 对象，代表当前文档窗口。

（4）Presentations 属性：返回 Presentations 集合，代表所有打开的演示文稿。

（5）SlideShowWindows 属性：返回 SlideShowWindows 集合，代表所有打开的幻灯片放映窗口。

（6）Quit 方法：用于退出 PowerPoint 程序。

2．DocumentWindow 对象

该对象代表文档窗口。使用"Windows(index)"语法可返回 DocumentWindow 对象。

（1）ActivePane 属性：返回 Pane 对象，代表文档窗口中的活动窗格。

（2）Panes 属性：返回 Panes 集合，代表文档窗口中的所有窗格。

（3）ViewType 属性：返回指定的文档窗口内的视图类型。

3．Presentation 对象

该对象代表演示文稿，通过"Presentations(index)"语法可返回 Presentation 对象。

（1）BuiltInDocumentProperties 属性：返回 DocumentProperties 集合，代表演示文稿的所有文档属性。

（2）ColorSchemes 属性：返回 ColorSchemes 集合，代表演示文稿的配色方案。

（3）PageSetup 属性：返回 PageSetup 对象，用于控制演示文稿的幻灯片页面设置属性。

（4）SlideMaster 属性：返回幻灯片母版对象。

（5）SlideShowSettings 属性：返回 SlideShowSettings 对象，代表演示文稿的幻灯片放映设置。

（6）SlideShowWindow 属性：返回幻灯片放映窗口对象。

（7）AddTitleMaster 方法：为演示文稿添加标题母版。

（8）ApplyTemplate 方法：对演示文稿应用设计模板。

4．SlideShowWindow 对象

IsFullScreen 属性：用于设置是否全屏显示幻灯片放映窗口。

5．Master 对象

该对象代表幻灯片母版、标题母版、讲义母版或备注母版。

TextStyles 属性：为幻灯片母版返回 TextStyles 集合，代表标题文本、正文文本和默认文本。

6．Slide 对象

该对象代表幻灯片。

（1）SlideID 属性：返回幻灯片的唯一标识符。

（2）SlideIndex 属性：返回幻灯片在 Slides 集合中的索引号。

7．SlideShowView 对象

该对象代表幻灯片放映窗口中的视图。

（1）AcceleratorsEnabled 属性：用于设置是否允许在幻灯片放映时使用快捷键。

（2）CurrentShowPosition 属性：返回当前幻灯片在放映中的位置。

（3）DrawLine 方法：在指定幻灯片放映视图中绘制直线。

（4）EraseDrawing 方法：用于清除通过 DrawLine 方法或绘图笔工具在放映中绘制的直线。

（5）GotoSlide 方法：用于切换指定幻灯片。

8．Shape 对象

该对象代表绘图层中的对象，如自选图形、任意多边形、OLE 对象或图片。

Shape 对象有三个代表形状的对象：Shapes 集合，代表文档中的所有形状；ShapeRange 集合，代表文档中指定的部分形状（如 ShapeRange 对象可以代表文档中的第一个和第四个形状，或代表文档中所有选定的形状）；Shape 对象，代表文档中的单个形状。如果要同时使用多个形状或集合中的形状，应使用 ShapeRange 集合。

以上 Powerpoint 应用程序对象，如果不需要进行深入的二次开发，大多数对象很少用到，在本书中，比较常用的对象只有 DocumentWindow 对象、SlideShowWindow 对象、Slide 对象、Shape 对象。在后面的 VBA 编程中，应用的时候将会进行介绍，一般都写入编程代码中。

7.2.2　PowerPoint 应用程序对象的应用

```
Sub OED01( ) '批量修改字体格式、大小和颜色
Dim oShape As Shape
Dim oSlide As Slide
Dim oTxtRange As TextRange
On Error Resume Next
For Each oSlide In ActivePresentation.Slides
For Each oShape In oSlide.Shapes
            Set oTxtRange = oShape.TextFrame.TextRange
            If Not IsNull(oTxtRange) Then
        With oTxtRange.Font
            .Name = "楷体_GB2312
            .Size = 20
            .Color.RGB = RGB(Red:=255, Green:=0, Blue:=0)
        End With
        End If
    Next
Next
End Sub
```

代码解释

- For Each oSlide In ActivePresentation.Slides：遍历每一张幻灯片页面。
- For Each oShape In oSlide.Shapes：遍历每一张幻灯片页面的图形。
- Set oTxtRange = oShape.TextFrame.TextRange：设置文本框中的文字范围。
- .Name = "楷体_GB2312"：修改成的字体。
- .Size = 20：改成需要的文字大小。
- .Color.RGB = RGB(Red:=255, Green:=0, Blue:=0)：改成需要的文字颜色。

7.3 三套件携手同行

Office办公套件是一个完整的整体。如果能够熟练地使用套件进行协作办公，那一定会事半功倍。基于Office环境下的集成化办公，利用Word、Excel、Outlook、IE浏览器等输入或获取数据，并交于Access数据管理程序进行管理；同时也可以利用Word、Excel、Outlook、IE浏览器、PowerPoint或FrontPage等程序，获得并发布Access数据库中的数据。因此，整个Office套件的核心组件应该是Access数据管理程序，当然，套件自身都各有长处，比如，在数据处理方面Excel就强于Access，而Outlook则是把所有套件协调起来进行工作的有力工具。

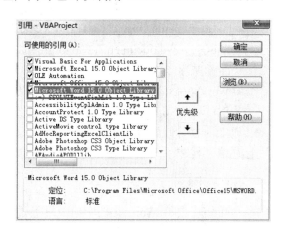

图7-1 前期绑定

7.3.1 Excel与Word

1. 前期绑定

单击【工具】→【引用】→【Micrsofe Word 15.0 object library】，如图7-1所示。

```
Sub 前期绑定()
    Dim wdapp As Word.Application
    Dim wdoc As Document
    Set wdapp = New Word.Application
    Set wdoc = wdapp.Documents.Open(ThisWorkbook.Path & "\简历模板.docx")
    wdapp.Visible = True
    Set wdapp = Nothing
    Set wdoc = Nothing
End Sub
```

2. 后期绑定

在Excel中运行，假定在C盘Text文件夹中有一个MyDoc.doc文件，在Excel中启动Word，并将MyDoc.doc文件第二自然段的内容写入到Excel第一个工作表的"b8"单元格中。

启动Excel打开VBA，写入如下代码。

```
Sub 练习的例二()
Dim wd
Dim Arange
Set wd = CreateObject("word.application")
wd.Visible = True '显示Word
wd.documents.Open ("C:\Text\MyDoc.doc")
```

```
Arange = wd.documents(1).paragraphs(2).Range
Workbooks(1).Worksheets(1).Range("b8") = Arange
Set wd = Nothing
End Sub
```

代码解释

- Set wd = CreateObject("Word.application")：利用标识符启动 Word 应用程序。
- wd.documents.Open ("C:\Text\MyDoc.doc")：打开要操作的对象。
- Arange = wd.documents(1).paragraphs(2).Range：取要使用的文字为当前文档中的第二段全部文字。
- Workbooks(1).Worksheets(1).Range("b8") = Arange：将文字写入相应单元格。
- Set wd = Nothing '终止两个程序间的联系。

以上内容看似简单，但真正能熟练地运用"集成化办公"的理念，让 Office 套件相互间进行通信，就成了一个非常重要的课题。能够熟练进行套件间的协作完全在于大量的实践。

3．实例

因工作需要将 Word 文档中的数据经过处理存储在 Excel 中，如果是一两个 Word 文档，当然可以手动操作，如果是多个，则需要使用代码进行批量处理。如一家公司的 HR，收集到很多 Word 文档的个人简历，现在公司领导需要知道整个招聘的情况，而不是一个个看提交的个人简历，这就需要通过代码，将 Word 中的数据有规则的存放在 Excel 表格中。

```
Sub 处理 Word()
Dim wdapp As Word.Application
Dim wdoc As Document
Set wdapp = New Word.Application
Dim myfile As String, h As Integer
h = 2
Dim l As Integer
Dim dic As Object
Set dic = CreateObject("scripting.dictionary")
For i = 1 To Sheets("汇总数据").UsedRange.Columns.Count
    dic(Sheets("汇总数据").Cells(1, i).Value) = Sheets("汇总数据").Cells(1, i)
Next
myfile = Dir(ThisWorkbook.Path & "\*.docx")
While myfile <> ""
    Set wdoc = wdapp.Documents.Open(ThisWorkbook.Path & "\" & myfile)
    wdapp.Visible = True
    l = 1
    With wdapp.Documents(1).Tables(1).Range
        For i = 1 To 6
            去掉 Word 表格中的回车换行符，黑点
            'find= replace(.Cells(i).Range,chr(13)&chr(7), " ")
```

```
                    Find = RTrim(Left(.Cells(i).Range, Len(.Cells(i).Range) –2))
                If InStr(Find, vbctrlf) Then
                    Find = Replace(Find, Chr(10), "")
                    Find = Replace(Find, Chr(13), "")
                End If
            If dic.Exists(Find) Then
                        Sheets("汇总数据").Cells(h, l) = Left(.Cells(i + 1).Range, Len(.Cells(i + 1).Range) –2)
                        l = l + 1
                End If
            Next
        End With
        h = h + 1
        wdapp.Documents.Close    '关闭文档
        Set wdoc = Nothing
        myfile = Dir
    Wend
    wdapp.Quit
    Set wdapp = Nothing
End sub
```

代码解释

打开当前目录中的所有.docx 文档，获取文档中表格的文字，将换行符与回车符处理后放到 Excel 对应的数据项中。

7.3.2　Excel 与 PowerPoint

在用 PowerPoint 播放时，则需要动态更新 PowerPoint 中嵌套的数据图表，则可以通过在 PowerPoint 的文本框输入更新显示的值，如图 7-2 所示。

```
Private Sub CommandButton1_Click()
    Slide1.Shapes(1).Chart.ChartData.Workbook.sheets(1).Cells(2, 2) = Slide1.TextBox1.Text
    Slide1.Shapes(1).Chart.ChartData.Workbook.sheets(1).Cells(3, 2) = Slide1.TextBox2.Text
    Slide1.Shapes(1).Chart.ChartData.Workbook.sheets(1).Cells(4, 2) = Slide1.TextBox3.Text
    Slide1.Shapes(1).Chart.Refresh
End Sub
```

代码解释

- CommandButton1：将工作表的单元格更新为幻灯片文本框中的值。
- Slide1.Shapes(1).Chart.Refresh：更新所有幻灯片的数据。

```
Private Sub CommandButton2_Click()
    Dim app As Object, wb As Object
    Set app = CreateObject("excel.application")
    app.Visible = False
```

```
      Set wb = app.Workbooks.Open("e:\ok.xlsx")
      Slide1.Shapes(1).Chart.ChartData.Activate
End Sub
```

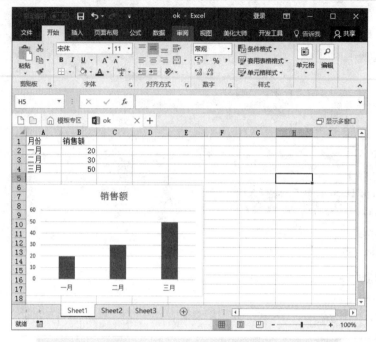

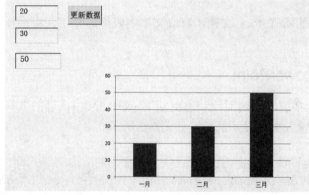

图 7-2　输入更新数据

代码解释

- Set app = CreateObject("excel.application")：在 PPT 的应用程序中创建一个 excel 的应用程序对象。
- app.Visible = False：将创建的应用程序设置为不可见。
- Set wb = app.Workbooks.Open("e:\ok.xlsx")：打开一个 Excel 工作簿。
- Slide1.Shapes(1).Chart.ChartData.Activate：设置幻灯片中的数据图表为活动状态。

第 **8** 章▶▶

物业管理收费系统

随着市场经济的发展和人们生活水平的提高，住宅小区已经成为人们安家置业的首选，小区业主不但对居住环境的美观、建筑质量的要求越来越高，同时对小区物业的服务和管理也提出了较高的要求。随着小区的规模不断扩大，各种维修服务项目越来越多，越来越复杂，工作量也越来越大，如果还依靠人工处理不仅效率低，保密性差，而且时间一长还会产生大量的文件和数据，这样给查找、更新和维护带来了不少的困难。随着计算机技术的不断普及和计算机数据处理功能不断增加，用计算机系统来对小区物业进行管理已经成为必需。通过 Excel 办公软件，利用学习过的 VBA 技术，就可以开发出一套功能既简单又实用的物业管理系统。

8.1　系统概述

物业管理收费系统，帮助物业公司进行收费、登记、查询等业务。它主要由以下几个模块构成。
- 物业管理：登记户主的相关信息，如户主姓名、户型、门牌号、联系方式等。
- 物业费用：开具物业费用的票据及保存相关数据，选择房主姓名，可自动生成金额数目的大写字符。
- 维修基金：开具维修基金的费用票据及保存相关数据，选择房主姓名，可自动生成金额数目的大写字符。
- 房主记录：小区所有房主的信息查询汇总，包括户型、面积、房款及联系方式。
- 费用记录：已缴纳费用的信息汇总，包括票号、房主姓名、费用记录及缴费时间。

8.2　系统界面设计

8.2.1　自定义功能区

自定义"物业管理系统"选项卡，先要明确菜单中的功能以及每个功能对应的用户窗口或工作表，再按功能的不同规划为不同的分组。物业管理系统主要有两个分组，分别为票据和记录。在"票据"组中有"物业管理""物业费用""维修基金"三个控件，在"记录"组中有"户主记录""费用记录"两个控件。

1. 新建一个名为 customUI 的文件夹

存放所有自定义功能区的相关文件。

- customUI.xml：自定义所有的分组以及选项卡的信息。
- iamges：选项卡中如果需要图片，则放在 iamges 中。
- customUI.xml.rels：将 XML 文件与 images 进行关联的文件，如图 8-1 所示。

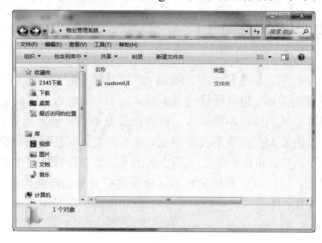

图 8-1　新建 customU1 文件夹

2. 代码添加自定义功能区

在 customUI 文件夹建立一个名为 customUI.xml 的文件（注意名称必须与新建的文件夹名称一致，区分字符的大小写），如图 8-2 所示。在 customUI.xml 的文件中写入如下 XML 代码。

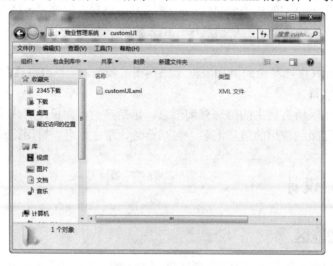

图 8-2　新建菜单的 XML 文件

```xml
<?xml version="1.0" encoding="gbk" ?>
<customUI xmlns="http://schemas.microsoft.com/office/2006/01/customui">
  <ribbon startFromScratch="false">
    <tabs>
```

```
            <tab id="mytab1"
                label="物业管理系统"
                insertBeforeMso="TabHome">
                <group id="group1" label="票据">
                <button id="bt1" label="物业管理" tag="物业管理" size="large"  image="image1" onAction=
"selsht"/>

                <button id="bt2" label="物业费用" tag="物业费用" size="large" image="image2" onAction=
"selsht"/>

                <button id="bt3" label="维修基金" tag="维修基金" size="large" image="image3" onAction=
"selsht"/>

                </group>
                <group id="group2" label="记录">
                <button id="bt4" label="户主记录" tag="户主记录" size="large" image="image4" onAction=
"selsht"/>

                <button id="bt5" label="费用记录" tag="费用记录" size="large" image="image5" onAction=
"selsht"/>

                </group>
            </tab>
        </tabs>
    </ribbon>
</customUI>
```

代码解释

- 这是一个 XML 文档, 语法规则必须完全符合 XML 的规定。
- <tab id="mytab1" label="物业管理系统"insertBeforeMso="TabHome">: 为整个菜单项, 标签名为 "物业管理系统", 插入的位置是在整个菜单项的前面, 但是在 "文件" 的后面。
- <group id="group1" label="票据">, <group id="group2" label="记录">: 分为两个组, 分别为票据及记录。
- <button id="bt1" label="物业管理" tag="物业管理" size="large" image="image1"onAction= "selsht"/>: 一个按钮, 就是菜单项的最后一个项目: 编号为 BT1, 标签为 "物业管理" (显示内容), 标题为 "物业管理", 图片为下面建的自定义图标, 当单击时激活事件为 shlsht。

3. 功能区控件自定义图标

在 customUI 文件夹中新建一个名为 images 和 _rels 的两个文件夹, 并将控件图片放入到 images 文件中 (注意 images 图片的命名), 如图 8-3 所示。

4. 自定义图标关系代码

在 _rels 文本夹中新建一个名为 customUI.xml.rels 的文件, 如图 8-4 所示, 同时写入如下关系代码。

图 8-3 存储菜单图片的文件夹

图 8-4 自定义图标的关系代码文件

在关系代码中 ID 值是 customUI.xml 文件中自定义控件的 image 属性值，target 代表图片的存放路径，因此图片名称和后缀名必须与之前存放在 image 文件夹中的图片保持一致。

```
<?xml version="1.0" encoding="UTF-8" standalone="yes"?>
<Relationships xmlns="http://schemas.openxmlformats.org/package/2006/relationships">
<Relationship Id="image1"   Type="http://schemas.openxmlformats.org/officeDocument/2006/
relationships/image"   Target="images/1.png"/>
<Relationship Id="image2"   Type="http://schemas.openxmlformats.org/officeDocument/2006/
relationships/image"   Target="images/2.png"/>
<Relationship Id="image3"   Type="http://schemas.openxmlformats.org/officeDocument/2006
/relationships/image"   Target="images/3.png"/>
<Relationship Id="image4"   Type="http://schemas.openxmlformats.org/officeDocument/2006/
relationships/image"   Target="images/4.png"/>
<Relationship Id="image5"   Type="http://schemas.openxmlformats.org/officeDocument/2006/
relationships/image"   Target="images/5.png"/>
</Relationships>
```

代码解释

将 Id="image5"的图片对应成为文件夹中的 "images/5.png" 文件。

5. 创建工作簿

创建一个名为物业管理系统.xlsm 的工作簿，同时以压缩包的方式打开，并将 customUI 文件夹拖入，单击【确定】按钮。

6. 创建自定义功能区和工作簿关系

以压缩包的方式打开物业管理系统工作簿，打开_rels 文件夹中的.rels 文件，在.rels 文件中粘贴以下代码，用以修改和 customUI 文件夹的联系，如图 8-5 所示。

<Relationship Id="customUIRelID" Type="http://schemas.microsoft.com/Office/2006/relationships/ui/extensibility" Target="customUI/customUI.xml"/>

此代码粘贴在</Relationships>之前，如图 8-6、图 8-7 所示。

图 8-5　新建的 Excel 文档以压缩包的形式打开

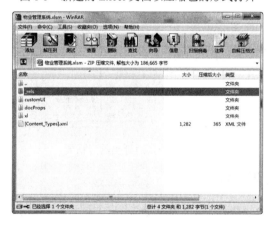

图 8-6　Excel 文档以压缩文档打开时的状态

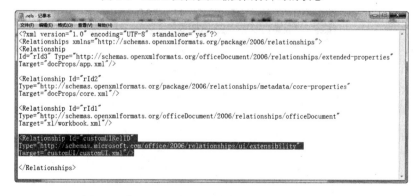

图 8-7　将 Excel 文档与菜单的关系放在关系文件中

7. 工作簿另存

双击打开工作簿，弹出以下对话框，单击【是】按钮，弹出关于修复的对话框，单击【关闭】按钮即可。

由于使用 XML 方法定义控件图标时，打开工作簿会加载自定义的控件图标，因此会弹出是否信任工作簿来源的对话框，如图 8-8 所示。

图 8-8　弹出的报错对话框

为避免每次打开工作簿时都弹出以上信任和修复的对话框，可以将该工作簿另存，再使用另存后的工作簿就不会弹出此对话框了，如图 8-9 所示。

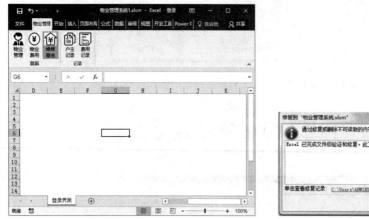
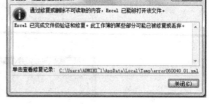

图 8-9　修复后弹出的对话框

8.2.2　新建工作表并重命名

建立"物业管理""物业费用""维修基金""户主记录""费用记录""登录界面""户型、户主对照表"共七个工作表，如图 8-10 所示。

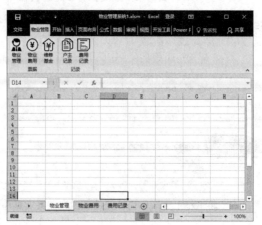

图 8-10　菜单与 Excel 相关联

8.2.3 插入用户窗体并进行设计

1. 添加窗体

该窗体有查询、增加和修改三个功能；六个 Label 标签；五个 TextBox；三个 Command-Button 按钮和一个 ComboBox。

单击【开发工具】→【Visual Basic】，用鼠标右键单击选项卡和【ThisWorkbook】→【插入】→【用户窗体】，如图 8-11、图 8-12 所示。

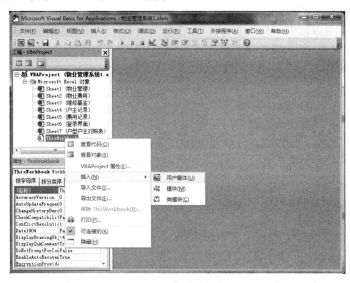

图 8-11　插入用户窗体

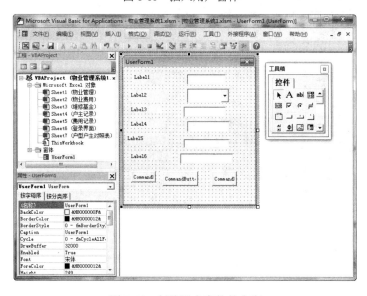

图 8-12　创建用户窗体的内容

2. 修改属性

（1）窗体 Caption 属性。

选中窗体，修改窗体名称为"物业管理"，使单击"物业管理"控件时能弹出该窗体。将

窗体的 Caption 属性修改为"物业管理"（此处的属性与菜单项中的文本要一致），如图 8-13
所示。

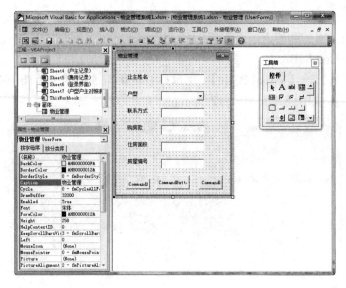

图 8-13　修改用户窗体属性

（2）Label 标签 Caption 属性。

选中 Label 标签，修改 Caption 属性，从上到下依次为业主姓名、户型、联系方式、住房
面积、购房款、房屋编号，如图 8-14 所示。

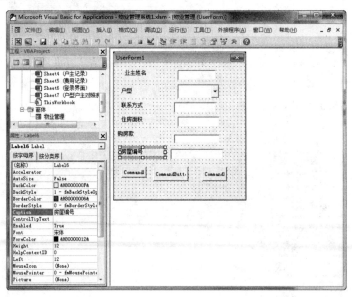

图 8-14　修改标签属性

（3）Label 标签位置属性。

选中 Label 标签，切换到"按分类序"属性选项卡，修改 Label 标签的位置属性 left 以及
height，让 Label 标签左对齐以及高度一致，如图 8-15 所示。

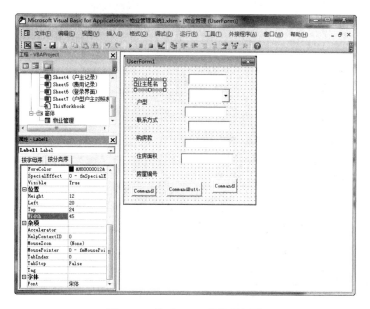

图 8-15　修改 label 的位置属性

（4）TextBox 文本框和 ComboBox 组合框 Caption 属性。

从上到下依次选中 TextBox 文本框和 ComboBox 组合框，修改名称，修改后的名称为第一列与之同行的 Label 标签的 Caption 属性值一致，如图 8-16 所示。

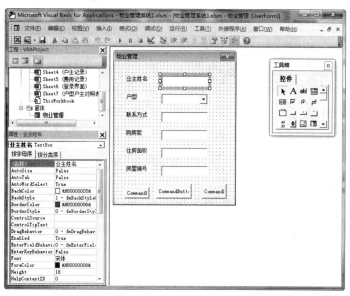

图 8-16　修改文本框的 Caption

（5）TextBox 文本框和 ComboBox 组合框位置属性。

从上到下依次选中 TextBox 文本框和 ComboBox 组合框，切换到"按分类序"属性选项卡，修改控件的位置属性 left，让文本框和组合框对齐，修改 width，使其宽度一致，修改 height，使其高度一致，如图 8-17 所示。

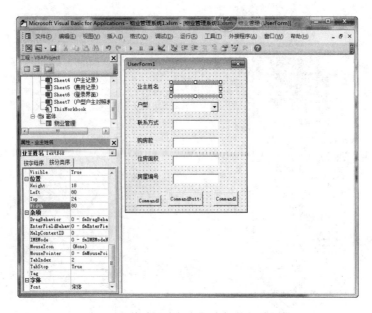

图 8-17　修改文本框及组合框的相关属性

（6）CommandButton 控件 Caption 属性。

依次选中 CommandButton 控件，修改各控件名称分别为"查询""修改""增加"，使 Caption 属性值和名称一致，如图 8-18 所示。

图 8-18　修改按钮的相关属性

8.2.4　回调控件 onAction 属性

只有回调控件的 onAction 属性，控件才能运行起来。通过使按钮 Tag 属性值、工作表名称和控件 ID 一致，达到单击控件激活指定工作表和窗体的效果。

单击【开发工具】→【Visual Basic】，用鼠标右键单击选项卡中【ThisWorkbook】→【插入】→【模块】，创建模块 1。

在模块 1 中写入如下的回调代码。

```
'Callback for but1 onAction
Sub selsht(control As IRibbonControl)
        Sheets(control.Tag).Visible = xlSheetVisible
        Sheets(control.Tag).Activate
        If control.ID = "bt1" Then 物业管理.Show
End Sub
```

代码解释

事件名称"selsht"是使用 XML 语句自定义功能区时 onAction 的属性值，实现过程的功能就是通过单击控件按钮显示并激活工作表名称与控件 Tag 属性值一致的工作表，以及显示指定的窗体，如图 8-19 所示。

图 8-19　插入模块

8.3　各类工作表初始设置

8.3.1　物业管理工作表

物业管理工作表是一张空白工作表，单击"物业管理"命令显示"物业管理"窗体即可，相关窗体中的各类属性请参见 8.3.2 节，修改后的效果如图 8-20 所示。

8.3.2　户型、户主对照表

预先在该工作表添加一些户型与户主信息，方便工作表进行初始设置，如图 8-21 所示。

图 8-20　物业管理窗体效果图

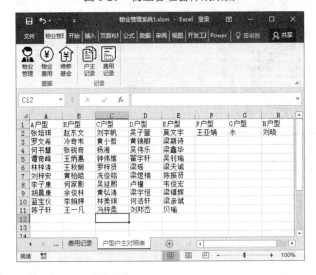

图 8-21　户型、户主对照表

8.3.3　物业费用

1．构建物业费用单据整体框架

构建一个物业费用的收据样式：票号（获取系统时间，精确到秒）；缴款人为户型户主对照表的中户主，不能手动输入，只能选择；金额，可根据户型手动填写，并能自动显示为大写字符，单击【保存】按钮，可将收费信息保存到费用记录查询表中，具体样式如图 8-22 所示。

2．物业费用单据设置

（1）设置 C3 单元格数据的有效性。

在 C3 单元格填写具体户型，该户型是由"户型户主记录表"第一行数据提供。

选中 C3 单元格，选择【数据】→【数据工具】→【数据有效性】，在弹出的数据有效性对话框中选择"允许"的"序列"选项，如图 8-23 所示。

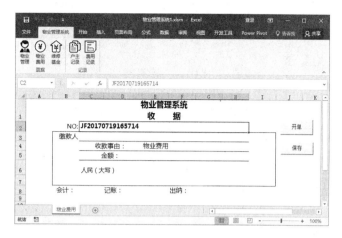

图 8-22　物业费用收据样式

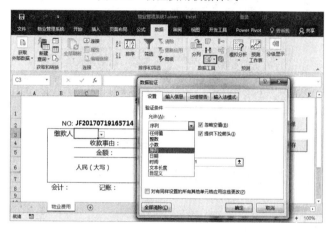

图 8-23　数据验证对话框

单击"来源"项输入框，选择"户型户主对照表 S1:S1"为数据来源。

一定要选择第一行为数据有效性来源地址，即使新增加了新的户型，也不会影响数据的有效性序列，切不可选择 A1:E1 区域，只是将户型序列固定在 A～E 五种类型中。

单击【确定】按钮后，效果如图 8-25 所示。

（2）设置 D3 单元格数据有效性。

D3 单元格应该填写户主姓名，户主姓名也是由"户型户主记录表"中数据提供的。在设置该数据有效性时，户主姓名序列来源会受到 C3 单元格所选户型的限制，即该单元格数据有效性的来源序列是"户型户主对照表"中指定户型的户主姓名序列，而非全部。这样可以减少在序列中查找填写的时间，才能发挥数据有效性的优势，如图 8-24、图 8-25 所示。

在设置该单元格数据有效性之前，先简单介绍几个函数。

① Match 函数：返回所查找对象在查找区域的行数或者列数，第一个参数是查找的对象，第二个参数是查找区域，第三个是匹配类型。

例如，=MATCH(F4,A1:E1,0)，返回 3

在 A1:E1 精确查找"C 户型"所在位置，返回其在查找区域的列数。

② Counta：统计指定区域非空单元格的个数。

③ Offset：偏移函数。

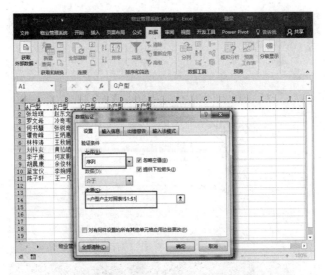

图 8-24　选择数据允许的值及数据来源

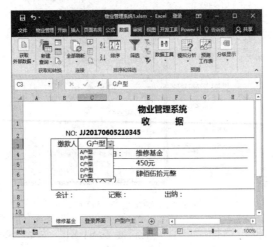

图 8-25　物业费用收据样例

第一个参数 reference：偏移的引用单元格，从该单元格位置进行偏移，如图 8-26 所示。

图 8-26　match 函数实现效果

第二个参数 rows：偏移的行数，正数向下偏移，负数向上偏移。

第三个参数 cols：偏移的列数，与 rows 参数类似。

第四个参数 height：从引用单元格偏移指定行数和列数后的单元格向下扩展数行，只能为正数，此时不再是一个单元格而是一个区域。

第五个参数 width：从引用区域偏移指定行数和列数后的单元格向右扩展的数列，只能为正数，变成一个区域。

如果在单元格中使用 offset 函数，则只能使用前三个参数，使用另外两个参数后会变成一个数据区域，因此按【Enter】键后，会出现公式错误提示。因此这里该用函数来设置数据有效性的数据序列来源。

选中 D3 单元格，选择【数据】→【数据工具】→【数据有效性】，在弹出的数据有效性对话框中，选择"允许"中的"序列"选项，如图 8-27 所示。

图 8-27 "数据验证"对话框

单击"来源"项输入框，输入如下公式。

=OFFSET(户型户主对照表!$A$1,1,MATCH(C3,户型户主对照表!1:1,0)-1,COUNTA (OFFSET (户型户主对照表!$A$1,1,MATCH(C3,户型户主对照表!1:1,0)-1,6666)))

从 A1 单元格开始偏移，偏移一行以后到达 A 户型第一位户主姓名所在的单元格，偏移数列到指定户型下的第一位户主姓名所在单元格，再扩展数行返回指定户型下所有户主姓名区域，最后的实现效果如图 8-28 所示。

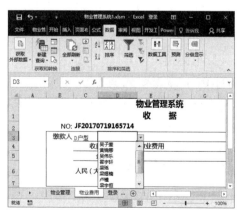

图 8-28 设置数据有效性后的效果

（3）设置 E5 单元格格式。

当在 E5 单元格中输入相应的金额按下【Enter】键以后，显示的内容为"×××元"。

选中"E5"单元格，单击"开始"选项卡，打开设置单元格格式对话框，选择"自定义"选项，输入 0"元"，单击【确定】按钮，如图 8-29 所示。

图 8-29 设置单元格格式对话框

（4）设置小写金额转换为大写金额。

当 E5 单元格为空时，则 E6 单元格也为空，只有当 E5 单元格输入金额后，E6 单元格才能将所输入金额变为大写金额，如图 8-30 所示。

图 8-30 小写金额转换为大写金额的效果

选中"E6"单元格，输入以下公式。

=IF(E5="","",NUMBERSTRING(E5,2)&"元整")

NUMBERSTRING 函数仅支持正整数，不支持有小数的数字。

8.3.4 维修基金

"维修基金"工作表设置和"物业费用"工作表设置一致。

8.3.5 户主记录

为"户主记录"工作表增加一些初始数据，方便后续设置。为了在录入或输出时能够清楚数据的格式，请严格按照初始数据的格式进行录入，如图 8-31 所示。

图 8-31 户主记录初始数据表

8.3.6 费用记录

费用记录表，为本系统中所有产生费用的总查询表格，表格中的开票单号为获取系统时间自动生成，户型与业主姓名，由操作人员选择产生（不能人为增加），费用记录工作表添加效果如图 8-32 所示。

图 8-32 费用记录字段表

8.3.7 登录界面

1．插入图片

为了整个物业的收费系统较为美观，可以在登录前插入一张图片放在第一个工作表中，拖动调整该图片在工作表中的位置，大致位于中间即可，如图 8-33 所示。

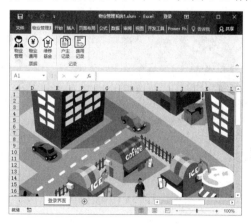

图 8-33 登录界面

2．背景颜色设置

由于插入的图片不会占满整个工作表，所以要将没有图片的位置设置为白色。全选该工作表，单击【设置单元格格式】→【填充】，在背景色中选择第一个白色，然后单击【确定】按钮，如图 8-34 所示。

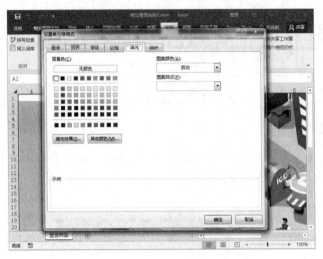

图 8-34　工作表单元格颜色填充对话框

3．保护工作表

费用数据，是比较重要的数据，在一般情况下，录入后，是不允许他人进行增加、删除的，所以需要对工作表进行保护。所谓保护工作表，一般是指对当前 Excel 工作表的各种操作进行限制从而起到保护工作表内容的目的。全选需要保护的工作表，单击【审阅】→【更改】→【保护工作表】，在弹出"保护工作表"对话框中，输入"保护工作表密码"，单击【确定】按钮，再次输入"确认密码"，单击【确定】按钮。这样设置之后，该工作表则不能进行任何编辑和修改，图片位置也不会随意移动，如图 8-35 所示。

图 8-35　保护工作簿对话框

8.4　窗体功能的实现和单据的自动化设置

8.4.1　窗体增加功能

1．窗体初始化

首先对物业管理窗体中的户型下拉框进行设置，户型下拉框中的数据来源于"户型户主对照表"中的第一行户型数据，但是户型下拉菜单数据需要随时更新，可以通过启动窗体时窗体初始化完成的。

当增加一个户主信息时，如果在户型下拉菜单中没有找到户主的户型，可以输入新户型，再次添加户主记录时，需要先关闭窗体再打开，通过 Private Sub UserForm_Initialize()事件使户型下拉框中数据得到更新后，才能通过下拉框选择增加的新户型。

单击菜单【开发工具】→【代码】→【Visual Basic】，然后双击"窗体"中的"物业管理窗体"，双击窗体上的任意空白位置，进入代码编写环境，根据事件选项下拉菜单左侧选择"UserForm"，右侧选择"Initialize"，生成 Private Sub UserForm_Initialize()事件，如图 8-36所示。

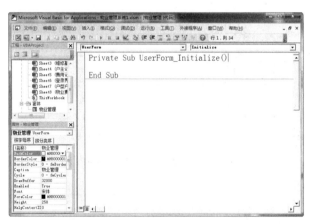

图 8-36　用户窗体的初始化事件

在事件过程中写入如下代码。

```
Private Sub UserForm_Initialize()
    With Sheets("户型户主对照表")
        Set Rng = Range(.[a1], .Cells(1, Columns.Count).End(xlToLeft))
    End With
    户型.List = Application.Transpose(Rng)
End sub
```

代码解释
- 这个是一个由对象驱动事件，由 userform 这个窗体的 initialize 来驱动事件发生。
- Range(.[a1],cells(1,Coulumns.Count).End(xlToLeft)：获取到第一行及有数据的最后一列的所有单元格。

- Transpose(Rng)：将 rng 从一行转置为一列。

2．户主记录增加

在窗体输入信息后，单击【增加】按钮，这些信息首先会影响"户主记录表"，其次会影响户型户主对照表。

对户型户主对照表的影响又分为两个部分。

（1）如果在表中已有新增加的户主户型，则在该户型下增加这位业主的姓名即可；

（2）如果在表中没有该种户型，则只能在第一行末尾增加这种新户型，并增加该业主姓名。对户主记录表和户型户主记录表中信息进行登记更改后，控件内输入的信息都应该清空。

单击菜单【开发工具】→【代码】→【Visual Basic】，然后双击"窗体"选项中的"物业管理"窗体，双击窗体上的【增加】按钮，如图 8-37 所示，写入如下代码。

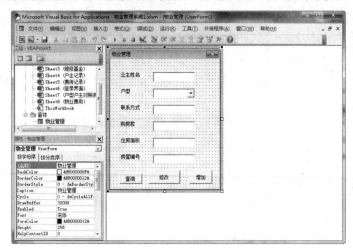

图 8-37　"物业管理"用户窗体内容

```
Private Sub 增加_Click()
    With Sheets("户主记录")
        Set Rng = .Cells(Rows.Count, 1).End(xlUp)
        Rng.Offset(1, 0) = Rng.Row
        Rng.Offset(1, 1) = 房屋编号.Text
        Rng.Offset(1, 2) = 业主姓名.Text
        Rng.Offset(1, 3) = 户型.Text
        Rng.Offset(1, 4) = 住房面积.Text
        Rng.Offset(1, 5) = 购房款.Text
        Rng.Offset(1, 6) = 联系方式.Text
    End With
    With Sheets("户型户主对照表")
    Set Rng = .Rows(1).Find(户型.Text, , , xlWhole)
    If Rng Is Nothing Then
        Set rnge = .Cells(1, Columns.Count).End(xlToLeft)
        rnge.Offset(0, 1) = 户型.Text
```

```
                rnge.Offset(0, 1).Offset(1, 0) = 业主姓名.Text
            Else
                Set rnge = .Cells(Rows.Count, Rng.Column).End(xlUp)
                rnge.Offset(1, 0) = 业主姓名.Text
            End If
        End With
        房屋编号.Text = ""
        业主姓名.Text = ""
        户型.Text = ""
        住房面积.Text = ""
        购房款.Text = ""
        联系方式.Text = ""
End Sub
```

代码解释

- Set Rng = .Cells(Rows.Count, 1).End(xlUp)：将第一列有数据填充的最后一行的所对应的单元格设置为 Rng.
- Rng.Offset(1, 1) = 房屋编号.Text：将用户窗体中房屋编号文本框的内容写入到第一列最后一行单元格向下偏移一行，向右偏移一列的单元格中。
- Set Rng = .Rows(1).Find(户型.Text, , , xlWhole)：在当前工作表中查找与户型文本框中内容一致的单元格。
- 房屋编号.Tcxt = ""：将房屋编号文本框的内容置空。

8.4.2 窗体查询功能

物业管理系统的查询功能是通过输入房屋编号在户主记录工作表中查询此房屋的所有信息，然后通过物业管理窗体显示出来。但查询结果有两种可能性，需要使用 if 函数进行判断。

单击【开发工具】→【代码】→【Visual Basic】，然后双击"窗体"选项中的物业管理窗体，双击窗体上的【查询】按钮，写入如下代码。

```
Private Sub 查询_Click()
    With Sheets("户主记录")
        Set Rng = .Columns(2).Find(房屋编号.Text, , , xlWhole)
        If Rng Is Nothing Then
            MsgBox "无记录"
        Else
            户型.Text = Mid(房屋编号.Text, 1, 1)
            业主姓名.Text = Rng.Offset(0, 1)
            住房面积.Text = Rng.Offset(0, 3)
            购房款.Text = Rng.Offset(0, 4)
            联系方式.Text = Rng.Offset(0, 5)
        End If
    End With
End Sub
```

代码解释

- set Rng = .Columns(2).Find(房屋编号.Text, , , xlWhole)：在工作表中的第二列中查找房屋编号。
- 户型.Text = Mid(房屋编号.Text, 1, 1)：取房屋编号的第一个字符作为户型文本框的内容。
- 业主姓名.Text = Rng.Offset(0, 1)：将在工作表中查找到的房屋编号所对应单元格向右偏移一个单元格的内容，作为业主姓名文本框的内容。

8.4.3　窗体修改功能

修改功能一般是建立在查询的基础上，查询到某位户主的信息后，将某些信息进行更新修改的功能。将要更改的信息填写完成后，点击【修改】按钮。首先利用房屋编号关键字在户主记录表中查找到该户主信息所在位置，然后将窗体中所有信息覆盖到户主记录表中对应单元格上。

在更改信息时，不能将查询出来的不需要修改的正确信息删除，直接更改有错误的信息。因为这样在覆盖户主记录表中的信息时某些信息就会为空。

单击菜单【开发工具】→【代码】→【Visual Basic】，然后双击"窗体"选项中的"物业管理窗体"，双击窗体上的【查询】按钮，写入如下代码。

```
Private Sub 修改_Click()
    With Sheets("户主记录")
        Set Rng = .Columns(2).Find(房屋编号.Text, , , xlWhole)
        Rng.Offset(0, 1) = 业主姓名.Text
        Rng.Offset(0, 3) = 住房面积.Text
        Rng.Offset(0, 4) = 购房款.Text
        Rng.Offset(0, 5) = 联系方式.Text
        MsgBox "修改成功"
    End With
End Sub
```

代码解释

Rng.Offset(0, 1) = 业主姓名.Text：将查找到的房屋编号所对应的单元格，向右偏移一个单元格，存入业主姓名。

8.4.4　开单和保存——以物业费用单据为例

1．新建模块

为了与之前控件的回调代码相区别，在此新建一个模块，单独编写单据开单和保存的代码（不新建模块，将开单和保存的代码写在回调代码之后效果一样）。

单击菜单【开发工具】→【代码】→【Visual Basic】，用鼠标右键单击【模块】→【插入】→【模块】，新建的模块默认名称为模块 2，如图 8-38 所示。

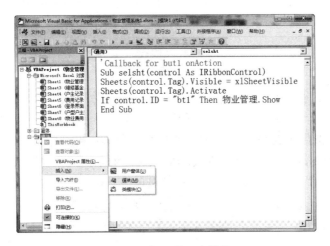

图 8-38　插入第二个模块

2．修改模块名称

为了区分各个模块中写入的代码实现功能，可以重新命名模块名称。

单击菜单栏【视图】→【属性窗口】选项打开属性窗口。选中"模块 2"，然后在属性窗口中的名称后输入"单据操作"进行重命名，如图 8-39 所示。

图 8-39　修改模块名称属性

3．单据开单

单据开单就是新建一张空白单据，但是单据中"C2"单元格的单据编号和"E4"单元格的收款事由是开单时自动生成的，其余单据信息是手动填写。

双击"单据操作"模块进入代码编写环境，写入如下代码。

```
Sub 物业费用开单()
    With Sheets("物业费用")
        Union([c2], [c3], [d3], [e4], [e5]) = ""
        [c2] = Format(Now, "JFyyyymmddhhmmss")
        [e4] = "物业费用"
```

```
        End With
End Sub
```

代码解释

- Union 的功能是合并两个或两个以上的选择区域,成为一个更大的区域,这些区域可以连续也可以不连续。其参数类型必须是 range 类型,而且至少指定两个 range 对象。如操作 Excel,按住【Ctrl】键,选择多个区域对象的效果一样。
- [c2] = Format(Now, "JFyyyymmddhhmmss"):此处单据的标号格式设置是"JF"字母与当前时间的结合,时间具体到秒,这样就可以唯一标识单据,不会重复,这也是后续验证单据是否保存的依据。注意编号设置时的字母并不是随意的,有些字母如 Y\M\H 等会被系统识别为时间类字母,因此如果设置单据标号需要使用字母,需要避开这些字母。

4.单据保存

新开的单据填写后,需要将单据信息保存到费用记录表中。但如果该单据已经保存过了,再次点击保存就会重复将这些信息写入到费用记录表中。因此在保存之前,需要利用单据编号的唯一标识性在费用记录表中查找该单据,如果没有该单据信息,再将该单据信息保存到费用记录表中,否则会提示用户已经保存过了。

双击"单据操作"模块进入代码编写环境,写入如下代码。

```
Sub  保存物业费用()
    With Sheets("费用记录")
        Set Rng = .Cells(Rows.Count, 1).End(xlUp)
        Set rng_no = .Columns(1).Find([c2].Value, , , xlWhole) '精确查找单号
        If rng_no Is Nothing Then
            Rng.Offset(1, 0) = [c2]
            Rng.Offset(1, 1) = [c3]
            Rng.Offset(1, 2) = [d3]
            Rng.Offset(1, 3) = [e5]
            Rng.Offset(1, 5) = Date
            MsgBox "保存成功"
        Else
            MsgBox "已经保存过了"
        End If
    End With
End Sub
```

代码解释

Set Rng = .Cells(Rows.Count, 1).End(xlUp):将单元格第一列有数据填充的最后一行作为rng。

5．添加按钮

单击【开发工具】→【控件】→【插入】，选择第一种按钮，此时会弹出指定宏的对话框，选择"物业费用开单"，单击【确定】按钮，如图 8-40 所示。

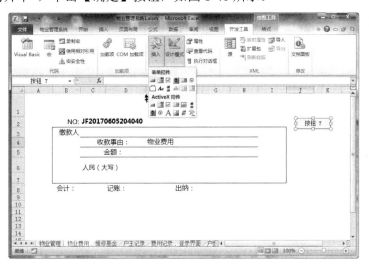

图 8-40　插入按钮

用鼠标右键单击【添加】按钮，选择"编辑文字"选项，将按钮显示的文字更改为开单，如图 8-41 所示。

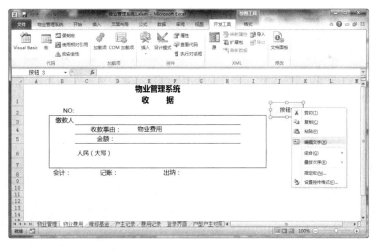

图 8-41　更改按钮文字

运用同样的方法，为"保存物业费用"宏添加按钮，同时将按钮名称改为"保存"，如图 8-42 所示。

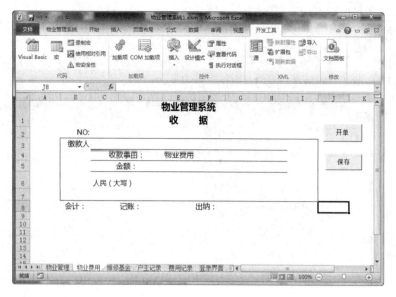

图 8-42 插入按钮

8.5 物业管理系统后续设置

8.5.1 打开工作簿的事件

为了使物业管理系统看起来更专业，在打开工作簿时只显示"登录界面"，将其余工作表进行隐藏。此功能可以通过 Private Sub Workbook_Open()事件来实现。

单击【开发工具】→【代码】→【Visual Basic】，然后双击"ThisWorkbook"选项，进入代码编写环境，在左侧的下拉菜单中选择"workbook"，右侧下拉菜单中选择"open"，生成 Private Sub Workbook_Open()事件，在其中写入如下代码。

```
Private Sub Workbook_Open()
    For Each Sh In Sheets
        If Sh.Name = "登录界面" Then
            Sh.Visible = xlSheetVisible
        Else
            Sh.Visible = xlSheetHidden
        End If
    Next
End Sub
```

代码解释

遍历所有的工作表，如果是"登录界面"，则将该工作表设置为"可见"，不是，则设置为"隐藏"。

8.5.2　工作表失去焦点事件

对工作表进行操作时，只显示需要进行操作的工作表，而隐藏的。判断哪个工作表没有进行操作，是通过 Private Sub Workbook_SheetDeactivate(ByVal Sh As Object)事件来完成。

Workbook_SheetDeactivate(ByVal Sh As Object)事件：当任一工作表由活动状态转为非活动状态时产生此事件，功能是让所传参数的 sh 工作表变为非活动状态。ByVal Sh As Object 是工作表失去焦点事件的参数。sh 是一个对象变量，它表示正在离开的这个工作表对象，如果从 sheet1 中离开，sh 就是 sheet1 工作表，如果从 sheet2 工作表中离开，sh 就是 sheet2 工作表，如图 8-43 所示。

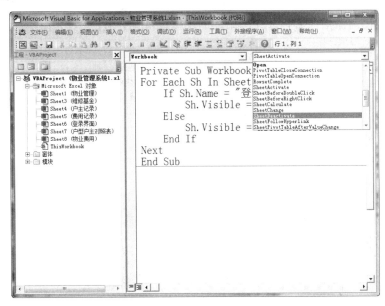

图 8-43　工作表失去焦点事件

单击【开发工具】→【代码】→【Visual Basic】，然后双击"ThisWorkbook"选项，进入代码编写环境，在左侧的下拉菜单中选择"workbook"，右侧下拉菜单中选择"SheetDeactivate"，生成 Private Sub Workbook_SheetDeactivate(ByVal Sh As Object)事件，在其中写入如下代码。

Sh.Visible = xlSheetHidden

```
Private Sub Workbook_SheetDeactivate(ByVal Sh As Object)
    Sh.Visible = xlSheetHidden
End Sub
```

代码解释

当工作表失去焦点时激活事件，使该工作表隐藏。

8.5.3　关闭工作簿的事件

关闭工作表之前光标可能位于任何一个工作表中，在需要关闭工作表时，应停留在"登录界面"工作表中，在此工作表显示是否保存等对话框。实现此种功能可以通过 Private Sub Workbook_BeforeClose(Cancel As Boolean)事件来实现。

Workbook_BeforeClose(Cancel As Boolean)事件：在关闭工作簿之前，先产生此事件。如

果 Cancel = True 可以让工作簿无法通过关闭按钮关闭，工作簿仍处于打开状态。

当事件产生时 Cancel=False，例如，此处就是关闭工作簿之前，显示"登录界面"工作表并激活（如果关闭工作簿之前光标在其他工作簿时，都会跳转到登录界面工作表）。

```
Private Sub Workbook_BeforeClose(Cancel As Boolean)
    Sheets("登录界面").Visible = xlSheetVisible
    Sheets("登录界面").Activate
End Sub
```

代码解释

工作表在关闭前激活的事件，让登录界面工作表可见并激活。